Dominique Temple

LA RÉCIPROCITÉ DE VENGEANCE

Commentaire critique de quelques théories de la vengeance

Collection *réciprocité*

N° 7

ISBN 979-10-97505-06-6

Une première version de ce texte a été publiée en castillan dans *Teoría de la reciprocidad*, Padep-Gtz, La Paz, 2003.

SOMMAIRE

À partir des contributions de nombreux auteurs qui ont étudié la vengeance, Raymond Verdier soutient que la vengeance est motivée par le souci de rétablir l'équilibre social détérioré par la violence. Cet équilibre assurerait les conditions les plus propices à la réciprocité positive, qui, selon Lévi-Strauss, est requise comme clause de sécurité des *échanges*. Nous opposerons à cette thèse que la *réciprocité*, qui se présente soit sous une forme positive – l'offrande – soit sous une forme négative – la vengeance –, est une structure sociale inaugurale qui produit la conscience dans l'imaginaire de l'honneur et du prestige.

I

La réciprocité médiatrice de la fonction symbolique

À l'origine, selon Thomas Hobbes[1], l'homme recourrait à la raison pour maîtriser la nature et pour se défendre de son rival. Puis, sur le conseil de cette même raison, il obtiendrait ce qu'il désire d'autrui par l'échange plutôt que par la guerre. C'est la première "loi de nature", dit Hobbes.

Marcel Mauss, à son tour, postule que l'échange a succédé à la guerre :

« *Deux groupes d'hommes qui se rencontrent ne peuvent que : ou s'écarter – et, s'ils se marquent une méfiance ou se lancent un défi, se battre – ou bien traiter* »[2].

Lévi-Strauss dit la même chose :

« *Comme Tylor l'avait déjà compris il y a un siècle, (...) l'homme a su très tôt qu'il lui fallait choisir entre "either marrying-out or being killed-out" : le meilleur sinon le seul moyen, pour des familles biologiques, de ne pas être poussées à s'exterminer réciproquement, c'est de s'unir entre elles par des liens de sang* »[3].

---

1 Thomas Hobbes, *Léviathan* [1651]. Traduction de l'anglais et notes par François Tricaud, Paris, Sirey, 1971, pp. 121-133.

2 Marcel Mauss, « Essai sur le don. Forme et raison de l'échange dans les sociétés archaïques », *Sociologie et Anthropologie*, Paris, PUF, [1950] 1991, p. 277.

3 Claude Lévi-Strauss, *Le regard éloigné*, Paris, Plon, 1983, pp. 83-84.

Les bandes de *Nambikwara* du Brésil, qu'il étudie, se rapprocheraient, dit-il, chacun sous l'aiguillon de la convoitise, des biens d'autrui et dans l'espoir d'échanges fructueux.

Cependant, lorsqu'ils se rencontrent, les Nambikwara manifestent une extrême générosité et donnent sans compter... et dans un premier temps – celui de la réciprocité – tous les biens circulent librement. C'est dans un deuxième temps seulement, une fois chacun rentré chez soi, que le calcul interviendrait avec la comparaison des biens reçus et donnés. La question serait alors ainsi posée par ceux qui s'estimeraient perdants : comment reconquérir l'avantage ? Par la force ou l'échange ?

Les dons réciproques auraient pour but d'établir la confiance et la paix, et ainsi les échanges pourraient être institués. La réciprocité des dons viendrait seulement créer un climat propice à des échanges durables. Elle désarmerait l'adversaire, écarterait la menace du rapt et de la violence, rendrait possible la confiance pour échanger. Elle serait *instrumentale*.

Mais est-ce bien le deuxième temps de ce procès qui motive la rencontre des Nambikwara ou bien le premier, celui de la réciprocité qui crée la confiance et l'amitié ? car les prétendus "échanges", chez les Nambikwara, restent éternellement des dons réciproques :

« *Si on les considère comme des échanges, ceux-ci s'effectuent sans aucun marchandage, tentative pour mettre l'article en valeur, dépréciation, ou manifestation de désaccord entre les parties. (…) Ainsi, les Nambikwara s'en remettent-ils entièrement, pour l'équité des transactions, à la générosité du partenaire. L'idée qu'on puisse estimer, discuter ou marchander, exiger ou recouvrer, leur est totalement étrangère* »[4].

---

4 Claude Lévi-Strauss, « La vie familiale et sociale des Indiens Nambikwara », *Journal de la Société des Américanistes*, vol. 37, 1, [1948], 1984, p. 93.

C'est clair, ces transactions sont des dons. Comment dès lors soutenir que « *le conflit toujours possible fait place à un marché* » ?

Lévi-Strauss déclare qu'il y a marché, mais que les biens échangés font intervenir des compensations non matérielles :

« *Dans des groupes où le commerce existe sous une forme aussi primitive, les échanges de biens ont, comme fonction consciente, d'apporter des compensations psychologiques incommensurables entre elles, plutôt que d'établir des équivalences de valeur* »[5].

La réciprocité des dons, qui produit la confiance et la paix, serait, nous dit Lévi-Strauss, inféodée à la réussite des échanges, mais, dans leurs formes les plus primitives, ces échanges seraient ennoyés dans le caractère affectif des "compensations psychologiques incommensurables".

Entre l'équivalence des valeurs et l'incommensurabilité des données psychologiques, Lévi-Strauss introduit lui-même une contradiction. Les données psychologiques constituent le sujet, et n'ont pas de prix. Elles peuvent s'engendrer mais non pas s'aliéner. L'être ne peut se réduire à l'avoir. Les compensations psychologiques sont incommensurables, elles ne se distribuent pas comme les biens matériels, elles ne s'échangent pas, elles se méritent par la bienveillance, l'hospitalité, le don, le souci d'autrui, toutes prestations qui sont l'envers de l'intérêt pour les biens matériels.

Quel est le but de la réciprocité ? Se procurer des biens que l'on désire, ou constituer la matrice de ce que l'auteur appelle des compensations psychologiques incommensurables entre elles ?

Il n'existe qu'une matrice de l'éthique – la réciprocité –, que l'échange pervertie pour accumuler des biens.

5 *Ibid.*, p. 112.

Lévi-Strauss observe que lorsque les Nambikwara se sont rencontrés plusieurs fois avec succès, ils décident de s'appeler mutuellement "beaux-frères", c'est-à-dire d'instituer une structure de réciprocité de parenté fictive comme si chacun avait épousé la sœur de l'autre. Cette formule de réciprocité a l'avantage d'être pérenne et de stabiliser les *compensations psychologiques*. Mais pour Lévi-Strauss, de la même façon que les dons sont ordonnés aux échanges, la structure de parenté que les Nambikwara établiraient entre leurs deux communautés nouvellement en contact aurait surtout l'avantage de permettre "l'échange" de fiancées pour les enfants mâles des uns et des autres. Elle serait donc directement ordonnée à un échange. Si je donne une fille, j'en recevrai une… Ne serait-ce pas chez les Nambikwara que Lévi-Strauss aurait imaginé d'inféoder la réciprocité à l'échange, inféodation par la suite généralisée aux structures élémentaires de la parenté[6] ?

Reconnaissons d'abord que la réciprocité des dons assure le bien matériel de chacun au même titre qu'un échange. Elle peut donc être confondue avec un échange. Mais les dons ne produisent pas une satisfaction seulement pour celui qui les reçoit. Ils produisent une plus grande joie encore pour le donateur que pour le donataire ! S'ils satisfont le donataire matériellement, ils comblent le donateur de bonheur spirituel !

Admettons donc à présent que les dons réciproques ne s'annulent pas les uns les autres, qu'ils demeurent des dons sans contrepartie mais qui se font face. Ils construisent une *structure de réciprocité*. L'objet donné reçoit deux attributions : il satisfait la nécessité d'autrui par sa nature (le manioc est donné pour être mangé, il est consommé par autrui), il satisfait d'autre part le donateur d'une valeur plus haute, la "compensation psychologique" de Lévi-Strauss – que nous appellerons une

6 Claude Lévi-Strauss, *Les structures élémentaires de la parenté*, Paris-La Haye, éd. Mouton, [1947], 1967.

valeur d'être – et que reconnaît le donataire en acceptant le don (le manioc ne peut pas être refusé ni même compensé, il doit être accepté comme un cadeau !) ; et cette valeur psychologique est positive pour le donateur, mais elle est négative pour le donataire. Pour bénéficier de cette "plus-value d'être", celui-ci doit à son tour donner. À partir de cette nécessité naît une dialectique, la *dialectique du don*[7], inverse de celle de l'échange et de l'intérêt.

À la thèse que les prestations de réciprocité conduiraient à des échanges s'oppose le fait que lorsqu'un homme reçoit des biens de prestige, même s'il est séduit par les objets précieux que l'autre lui donne, leur possession n'est pas le principal moteur de la transaction mais plutôt le prestige qu'il obtiendra de les redonner. Lorsqu'un occidental introduit une hache de fer dans une société d'Amazonie, cet outil excite certes la convoitise des Amazoniens mais, pour eux, cette convoitise n'est rien à côté de la joie qu'ils obtiendront de redonner cette hache, c'est-à-dire de la joie d'être reconnus d'autrui comme donateurs.

Il faut distinguer la joie de recevoir un objet de la joie d'être reconnu comme donateur. Le bonheur d'être assuré de l'amitié d'autrui est supérieur au plaisir de capitaliser un objet de valeur : c'est pourquoi, dans les communautés de réciprocité, l'objet précieux reçu est toujours redonné. Nul, dans les communautés dites primitives, plus précisément primordiales, n'a de cesse en effet de redonner les objets de valeur ou d'autres richesses plus grandes encore pour s'acquérir la reconnaissance et l'amitié d'autrui. La relation des personnes commande la relation des choses, et non pas l'inverse. L'objectif immédiat des premiers hommes a peut-être été de créer non pas des *échanges* mais des *structures de réciprocité,* pour

7 Cf. Dominique Temple, *La dialectique du don*, Paris, Diffusion Inti, 1983, 2e éd. La Paz, Hisbol, 1986, rééd. 1995.

que tout soit occasion de reconnaissance[8].

Est-ce que les choses sont *données* ou *échangées* ?

Que l'alternative existe dès l'origine, Lévi-Strauss l'a indiqué en faisant la distinction entre un premier temps, celui de la rencontre au cours de laquelle tout est donné sans marchandage, et un deuxième temps, celui de la réflexion sur les choses reçues, qui peut conduire à l'échange. Il est toujours possible, en effet, de se servir de la paix instaurée par la réciprocité pour échanger dans son intérêt, et de retourner la réciprocité de façon à ce qu'elle serve à son contraire, son intérêt privé, le souci égoïste de soi. Mais il est toujours possible aussi de dépasser cet intérêt pour créer davantage d'amitié.

La réduction de la réciprocité des dons à l'échange, opérée à grande échelle et de façon systématique par la civilisation occidentale, est à la disposition de toutes les communautés du monde et même de tous les individus. Mais cette réduction n'est pas une fatalité. Elle est un choix. Ou bien les hommes décident de capitaliser les bénéfices de la réciprocité des dons à leur profit, et l'on échange avec l'autre, ou bien ils décident de reproduire la réciprocité des dons pour créer davantage de valeur humaine. Cette alternative existe partout dès l'origine : *échange* ou *réciprocité.*

Il est toujours possible de sortir du champ de l'échange pour entrer dans celui de la réciprocité du don, ou l'inverse. Mais pour les théoriciens qui postulent le primat de l'échange, qu'est-ce donc que la réciprocité ?

Selon Lévi-Strauss, la réciprocité est une donnée psychologique qui s'applique à diverses prestations sans leur conférer de nouvelle qualité. Elle ne crée rien par elle-même.

---

8 Cf. Dominique Temple, *Lévistraussique : La réciprocité et l'origine du sens*, Collection *réciprocité*, n° 6 . 1ère publication dans *Transdisciplines*, Paris, L'Harmattan, avril 1997, pp. 9-42.

Elle est un instrument, une règle. Et toute la valeur de la prestation réside dans ce à quoi elle s'applique. C'est alors au *don* en tant que tel que Lévi-Strauss accorde la plus-value produite par la réciprocité des dons, c'est :

« *le caractère synthétique du Don, c'est-à-dire le fait que le transfert consenti d'une valeur d'un individu à un autre change ceux-ci en partenaires, et ajoute une qualité nouvelle à la valeur transférée* »[9].

Le don apporterait par son caractère unificateur une valeur nouvelle dont le refus conduirait à une guerre désastreuse, un anéantissement du plus faible par le plus fort, en définitive le chaos. La réciprocité est, elle, présentée « *comme la forme la plus immédiate sous laquelle puisse être intégrée l'opposition de moi et d'autrui* »[10], une forme d'intégration de l'autre donc qui n'annule pas sa différence.

Ou bien, comme le soutient Lévi-Strauss, la réciprocité est une règle au service des échanges inaugurés par un geste de bienveillance, un don qui désigne autrui comme partenaire, et si le don initial ou encore les échanges échouent, l'on revient au pillage, au meurtre, au chaos ; ou bien, comme nous le proposons, la réciprocité est une structure sociale au service du *sens*, de la compréhension mutuelle, et, dès lors, en cas d'échec du don, la réciprocité organise rapts et violences au bénéfice de la reconnaissance mutuelle, au même titre que le don et le contre-don. Le retour au chaos est désormais impossible car l'homme est fasciné par sa propre naissance comme être conscient de ses actes, et la réciprocité est le berceau de cette naissance. Ainsi, soit la réciprocité est positive soit elle est négative... C'est pourquoi il est possible de parler de la réciprocité des meurtres de la même manière que de la réciprocité des dons.

---

9 Lévi-Strauss, *Les structures élémentaires de la parenté, op. cit*, p. 98.

10 *Ibid.*

Dans l'ouvrage collectif qui réunit de nombreux auteurs ayant étudié la vengeance[11], Guy Nicolas[12], par exemple, décrit dans une société du Soudan le cérémonial des dons oblatifs à partir de la réciprocité négative :

« *Si nous avons insisté sur ce cérémonial, c'est parce qu'il repose sur les mêmes bases que les procès vindicatifs, en tant que procès de réversion. La loi du contre-don est la même que celle du talion. Il s'agit dans les deux cas de rétablir un équilibre mis en cause par un excès. Ce dernier ouvre un vide que le "récepteur" se doit absolument de combler, sous peine de la plus grande humiliation : on rend le mal pour le mal, de même qu'un cadeau pour un cadeau ou une femme pour une autre. De là provient l'aspect ambivalent du vocabulaire afférent à l'un et l'autre procès, qui porte seulement sur la qualité de l'objet de la "dette", mais non sur leur principe, identique dans les deux cas* »[13].

L'*humiliation* renvoie au fait que quiconque se rend coupable de détruire le face-à-face de la réciprocité, détruit l'être d'humanité dont la réciprocité est le siège. Naturellement, il perd la face ! L'objectif du don et de la vengeance est d'abord de construire ou reconstruire de nouvelles structures de réciprocité de plus en plus amples, riches, complexes.

« *Sur le plan de la langue, le concept de vengeance ne peut être exprimé que par le truchement de termes ambivalents ayant le sens général de restitution réciproque. C'est le texte qui indique si l'acte rendu est bon ou mauvais. Ce qui compte, c'est, semble-t-il, d'effacer une dette instaurée d'emblée par un acte initial, de restaurer un état antérieur plane et "insignifiant", sans ride ni différence. Comme si un tel état était le seul*

11 Cf. Raymond Verdier *et al.*, *La vengeance. Études d'ethnologie, d'histoire et de philosophie,* (4 volumes), Paris, éd. Cujas, 1981-1986.

12 Guy Nicolas, « La question de la vengeance au sein d'une société soudanaise », dans *La vengeance, op. cit.*, vol. 2 *Vengeance et pouvoir dans quelques sociétés extra-occidentales,* textes réunis et présentés par Raymond Verdier, Paris, 1986, pp. 15-40.

13 *Ibid.*, pp. 24-25.

concevable et si, par rapport à lui, – à l'équilibre – le bien et le mal étaient équivalents »[14].

L'ambivalence du vocabulaire exprime bien que la structure de réciprocité est la matrice du sens. Cette ambivalence a été notée par de nombreux observateurs[15]. Lévi-Strauss lui-même parlant de Mauss :

« *Le "hau" est un produit de la réflexion indigène ; mais la réalité est plus apparente dans certains traits linguistiques que Mauss n'a pas manqué de relever, sans leur donner toute l'importance qui convenait : "Papou et Mélanésien", note-t-il, "n'ont qu'un seul mot pour désigner l'achat et la vente, le prêt et l'emprunt. Les opérations antithétiques sont exprimées par le même mot". Toute la preuve est là, que les opérations en question loin d'être "antithétiques", ne sont que deux modes d'une même réalité. On n'a pas besoin du "hau" pour faire la synthèse, parce que l'antithèse n'existe pas* »[16].

---

14 *Ibid.*, p. 18.

15 Raymond Verdier, qui, dans son étude sur les Kabiyè du Togo, ramène comme Lévi-Strauss la *réciprocité* à un *échange* (une valeur prend la place d'une autre) y compris lorsqu'il s'agit de paroles et pas seulement de biens, observe lui-même : « *Cette corrélation des droits et devoirs repose sur le principe de l'échange "kilesim" qui régit l'ensemble des rapports des membres de la communauté. Qu'il s'agisse d'échanger des paroles, des biens ou des femmes, les partenaires sont liés par un rapport d'obligation réciproque où chacun doit de son plein gré rendre la contrepartie de ce qu'il reçoit. Le fait qu'une valeur passe de l'un à l'autre et prenne la place d'une autre engendre un lien de dette, "kimiyè". Le mot désigne à la fois le fait de prêter et d'emprunter. Cette relation de prêteur et d'emprunteur liés par la chose due est à l'origine tant des rapports d'amitié et d'alliance que des rapports d'inimitié et d'hostilité.* » R. Verdier, « Pouvoir, justice et vengeance chez les Kabiyè », dans *La Vengeance, op. cit.*, vol. 1 *Vengeance et pouvoir dans quelques sociétés extra-occidentales*, textes réunis et présentés par Raymond Verdier, Paris, 1981, p. 207.

16 Claude Lévi-Strauss, « Introduction à l'œuvre de Marcel Mauss », dans Marcel Mauss, « Essai sur le don », *Sociologie et Anthropologie*, Paris, PUF (1950), 1991, pp. XXXIX-XL.

La réalité que privilégie Lévi-Strauss est celle de la *relation*. Mais quelle relation ?

« *L'échange*, dit-il, *n'est pas un édifice complexe, construit à partir des obligations de donner, de recevoir et de rendre, à l'aide d'un ciment affectif et mystique. C'est une synthèse immédiatement donnée à, et par, la pensée symbolique qui, dans l'échange comme dans toute autre forme de communication, surmonte la contradiction qui lui est inhérente de percevoir les choses comme les éléments du dialogue, simultanément sous le rapport de soi et d'autrui, et destinées par nature à passer de l'un à l'autre* »[17].

La pensée symbolique est donc donnée comme première à toutes formes de communication humaine, dont l'échange. Sa fonction est de surmonter la contradiction qui lui est inhérente de percevoir les choses sous l'angle d'autrui et de soi-même. Mais comment pourrait-on percevoir les choses sous l'angle d'autrui si l'on est seulement agent et l'autre patient ?

C'est la réciprocité qui permet le redoublement de son angle de vue par celui de l'autre puisqu'elle transforme l'agent en patient lorsque le patient devient agent. La réciprocité devient la *structure médiatrice* de la fonction symbolique car elle crée la contradiction (la structure contradictoire) dont celle-ci doit triompher pour établir la communication. Certes, l'échange est alors immédiatement donné, pour peu que chacun veuille s'approprier la valeur d'autrui, mais le don est immédiatement donné aussi pour peu que chacun veuille reconstruire une structure de réciprocité.

Lévi-Strauss conteste le *mana* comme ciment affectif "ennoyant" toutes les activités humaines. Mais, dans des pages qu'il faudrait citer en entier, il lui redonne toute sa compétence.

« *En d'autres termes*, dit-il, *et nous inspirant du précepte de Mauss que tous les phénomènes sociaux peuvent être assimilés au langage, nous voyons dans le mana, le wakan, l'orenda, et autres notions du même*

17 *Ibid.*, p. XLVI.

type, l'expression consciente d'une fonction sémantique, dont le rôle est de permettre à la pensée symbolique de s'exercer malgré la contradiction qui lui est propre ».

Le *mana* n'est-il pas : « *simple forme, ou plus exactement symbole à l'état pur, donc susceptible de se charger de n'importe quel contenu symbolique* »[18] ?

Il reste cependant à préciser le rapport de l'affectivité avec le *mana*. Le *mana* ne serait-il pas un sentiment qui, situé au cœur de toute relation de réciprocité, serait l'origine du *sens* d'où s'éclaire la connaissance, en commençant par la *reconnaissance de l'autre* comme participant de la même humanité ? Peut-on concilier le point de vue de Mauss sur le *mana*, lien d'âmes de nature affective, et celui de Lévi-Strauss, symbole pur, signifiant flottant ? Le signifiant pur ne serait-il pas l'affectivité même, la joie transparente de la révélation, et le mot *mana* la parole l'exprimant, son symbole ?

Le terme "reconnaissance de l'autre" peut dès lors être précisé à partir de la notion *d'intégration de l'opposition de moi et d'autrui*. L'équilibre entre l'identité et la différence est la condition pour que les perceptions de l'identité et de la différence puissent se rencontrer et se réfléchir l'une l'autre. Les perceptions antagonistes de l'ennemi et de l'ami, de l'étranger et du parent, de *soi* et de l'*autre*, deviennent ainsi "co-existantes". Elles donnent alors naissance à une *conscience de conscience* partagée par chacun des protagonistes de la réciprocité. En effet, comme l'a montré Stéphane Lupasco[19], envisagées isolément chacune de ces perceptions antagonistes peut être ramenée à une *conscience élémentaire* – une conscience unilatérale –, mais confrontées l'une à l'autre dans le même

18 *Ibid.*, pp. XLIX-L.

19 Cf. Stéphane Lupasco, *Du Devenir Logique et de l'Affectivité*, vol. 1 *Le dualisme antagoniste et les exigences historiques de l'esprit* ; vol. 2 *Essai d'une nouvelle théorie de la connaissance*, Paris, éd. J. Vrin, 1973.

temps et le même espace, elles se relativisent pour former une *conscience de conscience,* une conscience d'elle-même. Une telle conscience se développe entre perceptions antagonistes comme la révélation d'un sentiment nouveau : celui de l'humanité comme "conscience de conscience" pure.

La réciprocité est le siège de ce sentiment de l'être naissant, sentiment de liberté humaine *« où l'on se reconnaît dans le regard de l'autre »*, dit Verdier[20]. L'autre est le *miroir* où se reflète la première expression, la première manifestation de cette liberté de la conscience. Et l'autre est le visage de l'homme.

La présence d'autrui (d'autrui dans la réciprocité) produit le sentiment d'une nature spécifique de l'homme, d'une nature que l'on dira dès lors "nature humaine". L'inquiétude, le doute, l'angoisse qui accompagne le pari vers l'autre se trouve immédiatement reporté à la périphérie de ce sentiment nouvellement apparu, sentiment qui, lui, est une certitude : « Nous, les Vrais Hommes ».

Tous les ethnographes ont noté que cette certitude d'être humain est accompagnée d'une joie intense, peut-être joie de la découverte, mais plus essentiellement la jubilation de l'être lui-même. Cette joie est au cœur de la relation de réciprocité, elle n'appartient manifestement à personne en propre. Le sentiment qui accompagne la certitude d'être humain n'est pas la jouissance d'une propriété ou d'un avoir. Marcel Mauss a vu en lui le lien spirituel qui fait des prestations de réciprocité dans les communautés d'origine des "prestations totales".

---

20 Raymond Verdier, « Une justice sans passion, une justice sans bourreau », dans *La vengeance, op. cit.*, vol. 3 *Vengeance, pouvoirs et idéologies dans quelques civilisations de l'Antiquité,* textes réunis et présentés par Raymond Verdier & Jean-Pierre Poly, Paris, 1984, p. 151.

Il nous semble qu'il est nécessaire de théoriser ce sentiment primordial comme Tiers, Tiers d'abord indivis entre partenaires de la relation de réciprocité. Et c'est autour de ce Tiers que s'organisent les premières communautés humaines.

Le sentiment d'humanité naît de la relation de réciprocité. La réciprocité n'est rien de moins que la structure génératrice de l'être de l'humanité. Ce sentiment spirituel, émergeant de la réflexion de chaque perception sur son antagoniste, s'exprime par la parole ou par des actes qui sont des paroles silencieuses comme le don. La parole apparaît donc en chacun "venue d'ailleurs", mais pas de n'importe quel ailleurs : de ce creuset très précis qui est la relation à autrui en termes de réciprocité.

Que veulent dire ceux qui se définissent ainsi : « Les Hommes » ? Ce terme n'a aucune signification naturelle, et certains peuples tiennent à le préciser : « Nous, les Hommes Authentiques »[21]. D'autres font précéder ces deux termes d'un troisième : « Nous voici », comme pour indiquer qu'il s'agit bien d'un avènement ou d'une révélation de quelque chose sans précédent. « *Enawenê Nawê* », dit un des derniers peuples découverts en Amérique aux limites du Brésil et du Paraguay, « Homme Voilà Authentique », traduit Bartomeu Melià[22].

---

21 Maurice Leenhardt, dans son étude sur les Canaques de Mélanésie, décrit : « *Par ailleurs, pour louer un être particulièrement beau et bon, le Canaque n'hésite pas à reconnaître en lui l'humain en forme de plénitude, et il le nomme : "do kamo", c'est-à-dire "humain vrai".* » Maurice Leenhardt, *Do Kamo : La personne et le mythe dans le monde mélanésien*, Gallimard, [1947], 1971, p. 74.

22 Cf. Bartomeu Melià et Dominique Temple, *El don, la venganza, y otras formas de economía guaraní,* Centro de Estudios Paraguayos "Antonio Guasch", Asunción del Paraguay, 2004, p. 144.

Parce qu'elle est la condition de la compréhension mutuelle, la réciprocité intéresse immédiatement toutes les activités humaines, même la violence, même la guerre. Le chemin est ouvert pour entendre toute forme de réciprocité comme créatrice de *sens*. Dès lors, si les guerres elles-mêmes demeurent rivées à la réciprocité, elles concourront à créer de la reconnaissance mutuelle. Si le don est refusé ou impossible, la violence, pourvu qu'elle soit inféodée à la réciprocité, deviendra créatrice de *valeur d'être*.

II

La réciprocité négative n'est pas un échange

Les travaux rassemblés par Raymond Verdier mettent en évidence que presque toutes sinon toutes les sociétés humaines ont tenté d'appréhender la violence, de la maîtriser, de la contrôler, enfin de l'assujettir au principe de réciprocité ; mais ces contributeurs imaginent aussi, et le plus souvent de façon explicite, que la raison de toute forme de réciprocité serait de satisfaire *l'échange*, en conformité avec la thèse de Lévi-Strauss.

La plupart d'entre eux estiment que chaque groupe humain possède une identité imaginaire qui se compte en "capital-vie" : « *capital spirituel et social que les membres du groupe ont charge de défendre et faire fructifier* »[23].

La vengeance protègerait ce "capital".

Raymond Verdier soutient que les observations de Igor de Garine[24], chez les Massa et les Moussey du Tchad et du Cameroun, étayent son opinion.

« *L'exercice de la vengeance définit un domaine intermédiaire entre l'homologie due à la parenté ou à la proche commensalité, lesquelles excluent théoriquement la vengeance sanglante, et celui où les ennemis sont*

---

23 Raymond Verdier, « Le système vindicatoire », dans *La vengeance, op. cit.*, vol. 1, p. 19.

24 Igor de Garine, « Les étrangers, la vengeance et les parents chez les Massa et les Moussey », dans *La vengeance, op. cit.*, vol. 1, pp. 91-124.

si hétérogènes qu'ils se situent au-delà d'un cercle où l'on recherche la responsabilité »[25].

Observons d'abord que le devoir de vengeance au-dehors est la contrepartie de l'interdit de vengeance au-dedans. La vengeance ne doit pas rompre l'unité du groupe qu'elle est appelée à promouvoir et préserver vis-à-vis de l'extérieur. Sous peine d'éclatement, le groupe ne peut que prohiber la vengeance en son sein :

« *Cette solidarité caractéristique des groupes vindicatoires,* déclare Raymond Verdier, *répond à une double exigence : "l'obligation" de vengeance au plan extérieur, "l'interdit" de vengeance au plan intérieur ; obligation et interdit sont "les deux faces, externe et interne de la solidarité" ; ils sont l'envers et l'endroit d'un même principe qui définit à la fois l'espace en deçà duquel on ne doit pas (se) venger et celui au-delà duquel on a le devoir de (se) venger. La règle est double, positive au dehors, négative au-dedans, obligation et interdit font couple. Ces deux faces de la*

25 « *On n'exercera pas de vengeance vis-à-vis d'une bannière baguirmienne ou d'un établissement foulbé, dont il est aussi normal qu'ils manifestent leur brutalité vis-à-vis des non-islamisés qu'il est naturel à un chat de tuer des souris ou à une hyène de se repaître de chiens. Inversement, il est inconcevable d'exercer une vengeance sanglante vis-à-vis d'individus avec lesquels on se trouve apparenté, tant en ligne paternelle – les "jaftusina", qu'en ligne maternelle – les "dosianu". Ces deux catégories constituant les "su golla" (les parents) d'un individu, on ne peut faire couler leur sang. Ils lui sont liés par l'exogamie, la communauté des prestations matrimoniales, les cérémonies funéraires et justement l'alliance totale en cas de conflit grave. (…) La distinction est plus apparente chez les Massa que chez les Moussey car ils disposent de deux techniques pour régler leurs conflits : le combat au bâton ("zugulla"), qui est autorisé entre membres d'un même clan et n'entraîne pas de sanction grave ou de vengeance s'il est suivi de blessure ou d'accident, mais donne lieu à une simple réparation, le combat à la sagaie ("kawina"), avec la mort par le fer ("mat kawayna") qui verse le sang et engendre la vengeance et l'exercice de la loi du talion sur la parenté tout entière du meurtrier. Plus exactement, l'usage du fer contre un parent apparaît comme un crime inexpiable.* » (*Ibid.*, pp. 100-101).

solidarité vindicatoire correspondent à la double protection, extérieure et intérieure du "capital-vie" du groupe »[26].

Igor de Garine précise :

« *L'ambiguïté des relations avec les alliés est constante. Les beaux-parents – des non-parents par définition puisqu'on peut épouser une de leurs filles – sont en quelque sorte, à la génération d'Ego, des "ennemis apprivoisés". À la génération suivante, ils sont devenus de tendres parents maternels avec lesquels les rivalités et les conflits d'autorité ne sauraient se produire alors qu'ils constituent la trame des rapports entre paternels. Comme l'explicitent les chefs de terre à l'occasion de leurs invocations publiques – "bolla" – : "Nous sommes fils de tel ancêtre. Les habitants de tels villages et quartiers, nous ne les épousons pas, ils sont fils du même ancêtre. Mais les autres clans voisins, nous leur faisons la guerre et nous les épousons !"* »[27].

Claude Breteau et Nello Zagnoli[28], qui étudient la violence en Calabre et dans le nord-est Constantinois, disent à leur tour :

« *Ainsi l'honneur peut s'analyser comme un capital symbolique : dans la mesure où tout homme possède par définition de l'honneur, et qu'en même temps l'honneur est susceptible de varier, on peut parler d'un capital fixe et d'un capital variable, pour continuer la métaphore économique. (…) La vengeance capitalise l'honneur, car sans affront à réparer, on ne peut administrer la preuve de sa vraie valeur, authentifier l'honneur dont tout homme dispose par "nature" (capital fixe)* »[29].

---

26 Verdier, *op. cit.*, vol. 1, p. 35.

27 Garine (de), *op. cit.*, vol. 1, pp. 101-102.

28 Breteau Claude H. & Nello Zagnoli, « Le système de gestion de la violence dans deux communautés rurales méditerranéennes : la Calabre méridionale et le N.-E. Constantinois », dans *La vengeance, op. cit.*, vol. 1, pp. 43-73.

29 *Ibid.*, pp. 47-49.

Chez les Bédouins de Jordanie, Joseph Chelhod[30] note :

« *Dans la société bédouine, le volume du groupe est parmi les éléments dont elle tire fierté. Ayant perdu l'un des siens, le clan se sent amoindri et, par conséquent, déshonoré. Pour rétablir l'ordre perturbé par le crime, il appartient à l'un des siens, en l'occurrence le vengeur, d'infliger une perte égale au groupe antagoniste. Enfin, la notion d'équilibre se double d'une autre : celle de parité : entre la personne qu'on venge et celle dont on se venge, il faut qu'il y ait équivalence à la fois sociale et biologique* »[31].

Au centre du Caucase, rapporte André Itéanu[32], les Ossètes préservent un capital d'honneur qui se compte en vies d'hommes tués par l'ennemi et vengées. Tant que les victimes ne sont pas vengées, elles ne sont pas comptées dans le capital-vie de la communauté. L'honneur ne peut être restauré que par la vengeance.

Prendre une vie ennemie, c'est donc restaurer une vie imaginaire dans son propre univers mythique. L'identité collective idéale serait donnée par un équilibre entre les morts, dont on a la mémoire parce que vengés, et les naissances dont on peut prévoir l'avènement :

« *"Qui as-tu tué pour demander la main de ma fille ?" Le meurtre est la première étape obligatoire du destin de l'homme (…). Il est suivi par le mariage qui donne le droit de construire sa propre habitation au sein du feu, de percevoir une part des revenus communs, de participer aux décisions collectives, et ouvre la voie à une autre étape qui est la naissance d'enfants* »[33].

---

30 Joseph Chelhod, « Équilibre et parité dans la vengeance du sang chez les Bédouins de Jordanie », dans *La vengeance, op. cit.*, vol. 1, pp. 125-143.

31 *Ibid.*, p. 126.

32 André Itéanu, « Violence et mariage chez les Ossètes », dans *La vengeance, op. cit.*, vol. 2, pp. 61-81.

33 *Ibid.*, p. 72.

Commentant le travail d'André Itéanu, Verdier souligne :

« *Chez les Ossètes, la question rituelle posée par le beau-père à son futur gendre "Qui as-tu tué pour prétendre à la main de ma fille ?" met bien en évidence à la fois l'obligation du meurtre et sa fonction intégratrice dans la société (en particulier en tant qu'il est la condition du mariage). On saisit alors toute la signification et le rôle de la vengeance : il s'agit bien d'abord et avant tout de protéger le capital-vie du groupe* »[34].

À moins qu'il ne s'agisse d'engendrer des guerriers, et que le mariage ne soit subordonné à la vengeance ! L'argument de Verdier est en effet réversible : quiconque ne se définit pas en fonction de la réciprocité de vengeance serait exclu du groupe social. La cohésion, l'alliance, la parenté et surtout le mariage et la procréation se trouveraient alors soumis à la réciprocité négative ou encore serviraient à l'équilibrer.

Pour Verdier, la réciprocité de vengeance est ordonnée à l'équilibre des intérêts des uns et des autres. Interprétée comme *échange*, la vengeance pose pourtant un problème difficile. Qu'échange-t-on à coups de destructions ou de meurtres ? L'échange apparaît pour le moins négatif puisqu'il se solde par une soustraction symétrique de biens ou de vies humaines ! Quel peut être l'intérêt d'un échange négatif ?

Selon Raymond Verdier, les communautés s'équilibrent entre elles, et cet équilibre est une condition de prospérité pour toutes. S'il est rompu, les communautés tentent de le rétablir. À toute agression qui détruit une part de la communauté répond une vengeance qui empêche que l'agresseur puisse se prévaloir d'une situation favorable et préjudiciable aux autres. Il s'agirait de rétablir un équilibre positif.

34 Verdier, *op. cit.*, vol. 1, pp. 19-20.

Pour Jesper Svenbro[35], "l'équilibre par soustraction" cacherait un avantage pour celui qui subit le meurtre. L'appel à la vengeance lui permettrait en effet de consolider ses liens d'alliance et de solidarité, et de re-dynamiser sa force vitale. Le meurtre d'une communauté sur une autre serait un véritable don puisqu'il permettrait à celle-ci de renforcer sa puissance. Mais un tel "don du meurtre" serait en fait "intéressé" : il serait calculé par l'agresseur, de sorte que la communauté victime, en se vengeant, lui permette d'en appeler à son tour à la vengeance, et donc de re-dynamiser son groupe… Le *don du meurtre* retrouverait la justification que prêtent au *don* les théories de l'échange : il serait un *masque de l'intérêt* [36].

Comme ces communautés n'ont aucune idée d'un calcul aussi retors, il faut admettre qu'un démon, identique à la "main invisible" d'Adam Smith, tienne les rênes de la vengeance !

Les thèses de Raymond Verdier et de Jesper Svenbro soutiennent que la vengeance est un instrument subordonné à la solidarité interne du groupe. Et puisque le groupe recourt à la vengeance, soit pour inciter (Svenbro), soit pour dissuader (Verdier) autrui d'agresser le *capital-vie* du groupe, il est logique qu'il interdise que la vengeance puisse le diviser lui-même.

Verdier constate que dans de nombreuses sociétés la vengeance est en effet prohibée entre les membres d'une même parenté. La vengeance à l'extérieur a donc pour autre face la solidarité à l'intérieur du groupe. Verdier insiste, comme on l'a vu, sur ce *biface* "solidarité interne/vengeance externe".

De la même façon, Lévi-Strauss couplait la prohibition de l'inceste et l'exogamie, et considérait la première comme la face interne de la seconde. On peut dire *complémentaires* ces deux

---

35 Jesper Svenbro, « Vengeance et société en Grèce archaïque. À propos de la fin de l'Odyssée », dans *La vengeance,* vol. 3 , *op. cit.*, pp. 47-63.

36 *Ibid.*, p. 55.

perceptions inversées de la même réalité : ce qui est prohibé est prohibé parce qu'il est *l'opposé* de ce qui est ordonné, et réciproquement.

L'idée que la vengeance ait pour rôle principal de protéger l'identité du groupe et qu'elle soit subordonnée à la cohésion de la parenté se heurte néanmoins à d'autres observations. Chez les Jivaros, par exemple, selon Michaël Harner[37], une âme de guerrier est une *âme de meurtre* qui exige impérativement de passer à l'acte. Les Jivaros partent donc régulièrement en expédition meurtrière. Et s'ils ne rencontrent pas l'ennemi désigné, ou que celui-ci sur ses gardes déjoue leur attaque, les guerriers doivent si impérieusement tuer (sous peine de mourir, précisent-ils, car leur âme a commencé de les quitter dès qu'ils ont pris la décision du meurtre), qu'ils exécutent quiconque sera rencontré sur le chemin du retour[38].

Lévi-Strauss observait, par ailleurs, que les Dobu de Nouvelle-Guinée s'unissent pour faire face au clan opposé lors d'un mariage entre clans, mais qu'ils se divisent pour se faire face lorsque le mariage a lieu dans le même clan[39]. De même,

37 Michaël J. Harner, *The Jivaro : People of the Sacred Waterfalls* [1972]. Trad. fr. *Les Jivaros : Hommes des cascades sacrées*, Paris, Payot, 1977.

38 « *Il peut arriver que l'attaque de la maison de la victime échoue ; lorsque le cas se produit, l'expédition doit immédiatement désigner une nouvelle victime et la poursuivre tout de suite, avant même, d'habitude, que chacun rentre chez soi. Si les hommes ne trouvaient personne à tuer, ils n'auraient pas le droit d'obtenir de nouvelles âmes "arutam", et sans celles-ci, ils pourraient s'attendre à mourir en l'espace de quelques semaines, ou au mieux, de quelques mois. Il s'agit donc pour eux d'une question de vie ou de mort, et l'expédition trouve invariablement une victime ou du moins un étranger de passage à assassiner.* » *Ibid.*, p. 124.

39 « *Chaque fois qu'il s'agissait de conclure un mariage au dehors, les deux moitiés oubliaient leur division et collaboraient, chacune travaillant au succès des entreprises de l'autre, en mettant tous leurs biens en commun ; par contre, elles continuaient à partager, pour échanger ensuite entre elles leurs parts respectives, quand le mariage avait lieu à l'intérieur du village. On voit ainsi se*

les Jivaros se vengent sur l'ennemi s'il existe, et sinon se divisent pour qu'il existe. Où il n'y a pas de réciprocité, il faut la fonder.

On retrouve ici le même principe que Lévi-Strauss a établi pour les structures élémentaires de la parenté. Les mêmes femmes, montrait-il à propos de la coutume du *kopara* chez les indigènes du Sud de l'Australie, sœurs ou filles qui ont été prises ou acquises par l'étranger, peuvent être reçues et épousées par ceux qui les ont d'abord perdues ou données du moment où elles ont acquis un statut d'altérité. C'est parce que la femme est “autre” qu'elle peut devenir épouse. Sans cette condition, elle ne peut entrer dans une relation matrimoniale ou une alliance qui soit génératrice d'un nom d'humanité. Ce n'est pas un caractère inné de la sœur ou de la fille d'autrui qui lui confère une prééminence, mais qu'elle soit le signe de l'altérité dans une structure de réciprocité[40].

---

dégager sur un plan purement empirique les notions d'opposition et de corrélation dont le couple fondamental définit le principe dualiste, qui n'est lui-même qu'une modalité du principe de réciprocité. » Lévi-Strauss, *Les structures élémentaires de la parenté, op. cit.*, p. 97.

40 *« Pas plus que la moitié, la femme, qui tient d'elle son état civil, n'a de caractère spécifique ou individuel – ancêtre totémique, ou origine du sang qui circule dans ses veines – qui la rende objectivement impropre au commerce avec les hommes portant le même nom. L'unique raison est qu'elle est “même”, alors qu'elle doit (et donc peut) devenir “autre”. Et sitôt devenue “autre” (par son attribution aux hommes de la moitié opposée), elle se trouve apte à jouer, vis-à-vis des hommes de sa moitié, le même rôle qui fut d'abord le sien auprès de leurs partenaires. Dans les fêtes de nourriture, les présents qui s'échangent peuvent être les mêmes ; dans la coutume du “kopara”, les femmes rendues en échange peuvent être les mêmes que celles qui furent primitivement offertes. Il ne faut, aux uns et aux autres, que le “signe de l'altérité”, qui est la conséquence d'une certaine position dans une structure, et non d'un caractère inné ». Ibid.*, p. 133.

De la même façon, rien, semble-t-il, ne peut prévaloir chez les Jivaros sur la nécessité de la réciprocité de vengeance. Ce n'est pas la qualité d'agresseur ou quelque autre qualité intrinsèque qui désigne quelqu'un à la vengeance, mais la nécessité de la réciprocité. Le cycle de la vengeance a une force propre qui donne aux groupes ou familles qu'il relie une identité supérieure à celle de leur naissance et qui impose sa loi jusqu'à l'intérieur de la parenté, qui donne même sa "puissance d'être" (*kakarma*) à chaque guerrier pris individuellement. Celui-ci reconquiert une *âme* lorsqu'il supporte un meurtre ennemi dans sa famille, et il perd son *âme* lorsqu'il tue un ennemi, soit le contraire de ce que l'on attendrait à partir des thèses de l'échange (récupérer une âme par le meurtre)[41]. L'obligation de vengeance, la nécessité du meurtre renvoie donc à une loi supérieure à celle de la solidarité d'alliance ou de parenté.

André Itéanu, chez les Ossètes du Caucase, soulignait :

« *Le meurtre est la première forme d'accession à la relation entre son groupe et les autres. Le meurtrier expérimente la possibilité d'engager son groupe vis-à-vis de l'extérieur. Pour lui le monde clos du groupe se transforme en un espace à plusieurs groupes dotés de règles auxquelles il a prouvé son adhésion par son action même. (…) Ce n'est qu'au prix d'une ouverture de compte avec l'extérieur et en acceptant les modalités de cet engagement qu'il accède au temps et à l'espace social* »[42].

La vengeance sans doute peut servir à protéger ou renforcer l'alliance mais, dans ce cas, elle n'a nul besoin de se soumettre à la réciprocité. Selon nous, la vengeance circonscrit un autre espace-temps que celui de l'alliance dès lors qu'elle obéit à la réciprocité.

---

41 Cf. Dominique Temple et Mireille Chabal, *La réciprocité et la naissance des valeurs humaines*, Paris, L'Harmattan, 1995.

42 Itéanu, *op. cit.*, vol. 2, p. 73.

Nous devons envisager le *système vindicatoire* comme un système de réciprocité en lui-même, comme s'il constituait en soi une matrice indépendamment de toute fonction qui l'enchaînerait *a priori* à un autre système, et nous devons envisager le rapport entre le système vindicatoire et le système d'alliance comme une alternative.

La relation contradictoire, la relation d'altérité et la relation d'adversité

Nonobstant son attachement au primat de l'échange, Raymond Verdier propose de précieuses distinctions qui pour autant peuvent être interprétées en faveur de notre hypothèse : il définit en effet en des termes nouveaux la "relation d'adversité" et la "relation d'hostilité" :

« *Il y a d'abord une "distance sociale" propre aux partenaires de la vengeance, qui permutent leurs rôles actif et passif ; nous l'avons appelée "relation d'adversité" et distinguée d'une part de la relation d'identité, d'autre part de celle d'hostilité. À ces trois relations correspondent trois modes de violence qui, du proche au lointain, s'ordonnent ainsi :*

Type de relation	Mode de violence
a) identité	a) pénalité
b) adversité	b) vengeance
c) hostilité	c) guerre

Tableau des types de relations et modes de violence
R. Verdier, « Le système vindicatoire », *op. cit.*, vol. 1, p. 34.

Une relation de proximité où la vengeance est interdite, une relation d'éloignement où la vengeance est inefficace mais où la guerre prend le relais, et une distance intermédiaire où elle est prééminente[43].

La *relation d'adversité*, interdite avec les proches mais également interdite avec les inconnus, est réservée à ceux qui sont *à la fois identiques et différents* :

« *Se situant à mi-chemin entre la relation d'identité et de différence absolue, la relation vindicatoire est essentiellement une relation d'adversité liant des partenaires qui se reconnaissent à la fois comme identiques et différents* »[44].

Et cet espace relationnel est, dit-il, celui de la *reconnaissance de l'autre*. Cet espace de reconnaissance de l'autre est donc celui où des forces *contradictoires* (identité et différence) sont très précisément en équilibre. Verdier conceptualise ce champ *contradictoire* comme espace *intermédiaire*, et définit cet espace intermédiaire, qu'il appelle aussi "distance sociale", avec précision :

« *principe de "distance sociale", qui situe les partenaires, ni dans un espace trop "proche" (celui des parents), ni dans un espace trop "lointain" (celui des ennemis), mais dans un espace médian, celui du face-à-face, où l'on se reconnaît dans le regard de l'autre* »[45].

---

43 « *Le système vindicatoire circonscrit un certain espace social à l'intérieur duquel s'exerce la vengeance et au-delà duquel elle fait place à l'hostilité et à la guerre : comme il y a un lieu où la vengeance est interdite à cause de la distance sociale trop proche des partenaires, il y a un autre lieu où elle cesse de jouer par suite de la trop grande distance sociale entre eux. (…) Alors que, dans le premier cas, l'identité des partenaires s'oppose à la vengeance, leur différence, dans le second, conduit de la vengeance à la guerre. Autrement dit la vengeance s'inscrit dans un "espace social intermédiaire" entre celui où la proximité des partenaires l'interdit et celui où leur éloignement substitue la guerre à la vengeance.* » Verdier, *op. cit.*, vol. 1, p. 24.

44 *Ibid.*, p. 25.

45 Verdier, *op. cit.*, vol. 3, p. 151.

Mais dans le système de l'alliance ou plus généralement de la réciprocité positive aussi, comme l'ont souligné de très nombreux auteurs, la reconnaissance d'autrui suppose une relation d'équilibre de forces *contradictoires* : l'identité et la différence, l'homogénéité et l'hétérogénéité, l'opposition et l'union. On ne rappellera ici que la définition des organisations dualistes par Lévi-Strauss :

« *Ce terme définit un système dans lequel les membres de la communauté – tribu ou village – sont répartis en deux divisions, qui entretiennent des relations complexes allant de l'hostilité déclarée à une intimité très étroite, et où diverses formes de rivalité et de coopération se trouvent habituellement associées* »[46].

Nous proposons de nommer le principe de cet équilibre entre forces antagonistes, en nous référant aux thèses de Stéphane Lupasco[47], "*principe du contradictoire*".

La réciprocité, du moins à ses origines, implique autrui dans un équilibre *contradictoire*. Certes, Lévi-Strauss insiste davantage sur l'altérité que sur l'équilibre contradictoire. Pour s'opposer à l'idéologie dominante à l'époque où il écrivait *Les structures élémentaires de la parenté*, idéologie selon laquelle l'identité de parenté aurait été un capital qu'il eût fallu transmettre par la filiation (le mariage devenant le moyen de cette transmission entre apparentés), Lévi-Strauss s'est attaché à montrer que c'est *l'altérité* qui est au principe de l'union matrimoniale.

La thèse de Lévi-Strauss, c'est le primat de *l'autre* sur *le même*. Toutefois, ce primat de la différence sur l'identité n'est pas sans limites : l'autre n'est pas l'étranger absolu, l'inconnu. L'altérité n'est pas une indifférence radicale, une étrangeté infinie. Lévi-Strauss appelle "endogamie vraie" le refus de

---

46 Lévi-Strauss, *Les structures élémentaires de la parenté, op. cit.*, p. 80.

47 Cf. Stéphane Lupasco, *Le principe d'antagonisme et la logique de l'énergie*, Paris, Hermann, 1951.

reconnaître le mariage hors des limites de la communauté humaine.

Mais toutes les sociétés primitives se proclament : « Nous, les Vrais Hommes ». La prohibition de l'inceste, la prohibition du même est certes l'autre face de la nécessité de l'altérité, mais d'une altérité circonscrite par une identité de groupe (endogamie vraie).

L'*altérité* lévi-straussienne est relative, elle est équilibrée par l'endogamie vraie. Il suffit de situer l'équilibre entre la force centrifuge de l'exogamie et la force centripète de l'endogamie vraie pour retrouver la distance privilégiée de la reconnaissance de l'autre qui répond au *principe du contradictoire* de la réciprocité.

Le triptyque constitué par :

1/ l'inconnu (étranger à la sphère définie par l'endogamie vraie),

2/ le même (l'identité frappée de prohibition),

3/ l'intermédiaire (où se pratique la réciprocité d'alliance), est analogue au triptyque de Raymond Verdier.

La relation d'altérité lévi-straussienne est la même chose que la relation d'adversité de Raymond Verdier. Les systèmes de réciprocité de la vengeance et de l'alliance nous paraissent ainsi équivalents pour faire apparaître un même principe fondamental : le *principe du contradictoire* comme la raison de la réciprocité.

Polarisée par la bienveillance, la réciprocité d'origine devient la *dialectique du don* [48], et l'équilibre du contradictoire se trouve rétabli par la violence sous la forme de la *compétition* entre les dons. C'est pourquoi Mauss parlait de *don agonistique.* Cette violence – l'*agôn* – peut être considérée comme la négation motrice de la dialectique, comme le propose Jean-Luc Boilleau[49]. Polarisée, au contraire, par la violence, la réciprocité devient la *dialectique de la vengeance* [50], et l'équilibre du contradictoire est rétabli par le fait que la violence n'est exercée que vis-à-vis de ceux qui sont reconnus comme d'une humanité supérieure ou encore de son rang.

L'équilibre du contradictoire ne cesse ainsi d'être reproduit à chaque nouveau cycle de la réciprocité de façon plus ample ou plus intense. La polarité dialectique s'interprète dès lors comme le moteur de cet accroissement. Pour l'étude de ces dialectiques de la vengeance et du don, je renverrais à notre livre *La réciprocité et la naissance des valeurs humaines*[51] où nous montrons que la raison de la réciprocité de vengeance comme celle de la réciprocité d'alliance ou du don est bien plus

48 La *dialectique du don* est due à la compétition pour la plus grande renommée par la surenchère de chaque don. Elle engendre ainsi une croissance économique, on parle même de *sociétés d'abondance*, néanmoins soumise à l'imaginaire du prestige. La formule de l'économie primitive *si pour être, il faut donner ; pour donner, il faut produire*, devient en effet : *si pour être le plus grand, il faut donner davantage ; pour donner davantage, il faut produire davantage*. Elle disqualifie par ailleurs ceux qui ne sont pas en mesure de donner. Ces exclus étaient considérés dans l'Antiquité comme des animaux domestiques : les esclaves.

49 Cf. Jean-Luc Boilleau, *Conflit et lien social. La rivalité contre la domination,* Paris, La Découverte/Mauss, 1995.

50 Cf. Bartomeu Melià & Dominique Temple, *La réciprocité négative. Les Tupinamba*, Collection *réciprocité,* n° 5, (2004).

51 Temple & Chabal, (1995).

qu'un lien social, bien plus que la conscience d'appartenir à une même communauté, mais *le sentiment même d'être humain*. La réciprocité de vengeance est comme la réciprocité du don une structure source de l'être parlant.

La réciprocité peut se construire par la vie, l'alliance ou le don, mais elle peut aussi se construire par la mort et le meurtre. Ce n'est donc pas le don ou le meurtre qui est au fondement de la société mais la réciprocité. Lorsqu'elle ne pourra se réaliser par l'alliance ou le don, la réciprocité se réalisera autrement et quel qu'en soit le prix, fût-il celui de la vie. L'homme choisit de mourir par celui-là qu'il peut nommer son ennemi, plutôt que de ne pas *être*. Plutôt *être* par la mort que de vivre sans *être*, plutôt la mort de la main d'autrui que de vivre sans recevoir de lui la révélation d'*être humain*.

La thèse de Raymond Verdier : la réciprocité négative interprétée comme un échange avec les Dieux

Marcel Mauss concluait, à propos du *potlatch*, que les donateurs s'affrontent, chacun désirant surpasser l'autre dans la prétention de lui être supérieur, mais en s'obligeant pour cela à recevoir le contre-don. De la même façon, Raymond Verdier estime que la violence est organisée pour définir une hiérarchie :

« (…) *la règle de réciprocité est une donnée fondamentale du système vindicatoire, en tant qu'elle permet aux groupes de se définir les uns par rapport aux autres en termes de complémentarité antagoniste et d'équilibre dynamique : dans le jeu réglé du système vindicatoire, les groupes s'affrontent en cherchant à surpasser l'autre mais non à le détruire ; chacun tend à montrer sa supériorité mais non à réduire à néant l'adversaire* »[52].

Cette conception est donc parallèle à celle de Mauss pour les dons, mais elle est différente de celle que Mauss proposait de la vengeance elle-même. Pour Mauss, en effet, le don se métamorphose en obligation de vengeance dans le cas où le donataire ne restitue pas au donateur de contre-partie qui témoigne de son respect pour le prestige de celui-ci.

Mauss considère que le don est porteur du *mana* du donateur. Raymond Verdier part certes de la même idée et considère le *mana* comme un capital :

« *Bien de tous les membres, présents, passés et à venir, ce capital doit être préservé contre toute atteinte, externe ou interne, physique ou morale, qu'il s'agisse d'honneur bafoué ou de sang versé. Toute injure à ce capital-vie, quand elle provient d'une agression extérieure, est un "dommage" subi par tout le groupe et déclenche sa réaction vindicatoire ; quand elle émane d'un de ses membres, elle est "transgression" de la loi et encourt sa sanction, pénale ou sacrificielle : peine et sacrifice sont les seules réponses licites à l'offense à l'intérieur du groupe, où le meurtre est interdit et où l'on ne doit pas se venger sur ceux que l'on a le devoir de venger* »[53].

Verdier définit ensuite une "distance sociale" propre à la vengeance. Toutefois, cette "distance" n'est conçue que comme l'envers de la reconnaissance sociale produite par la réciprocité positive :

« *Mais il est par contre possible, au moins d'une façon générale, de repérer globalement les actes appelant vengeance, en tant qu'ils tendent précisément à méconnaître cette distance sociale qui permet aux groupes d'affirmer leur identité et de ce fait les oblige à réagir pour la faire respecter* »[54].

La "distance sociale" de Raymond Verdier ressemble à celle du rossignol mâle vis-à-vis d'un autre mâle, distance qui se

52 Verdier, *op. cit.*, vol. 1, p. 30.

53 *Ibid.*, p. 35.

54 *Ibid.*, pp. 18-19.

mesure selon les décibels que chacun perçoit de l'autre.

Que la réciprocité ne soit plus qu'une résultante de cette manifestation de l'identité du groupe, Verdier l'affirme clairement :

« *Pour que le système puisse fonctionner "normalement", il faut que le pouvoir politique soit structuré de telle sorte que les groupes vindicatoires puissent constituer à la fois des entités propres ayant une certaine permanence et stabilité, et des unités sociales de force relativement égale. C'est seulement quand ces conditions sont remplies que la règle de réciprocité peut effectivement s'appliquer et que le système vindicatoire peut rééquilibrer les forces en présence* »[55].

Mais comment les sociétés humaines éparses sur la terre se constitueraient en groupes de force égale ayant une identité propre et permanente ? Quelle argumentation pourrait être avancée pour justifier une telle hypothèse ? Aucun des contributeurs de *La vengeance* n'apporte ici la moindre contribution. Le postulat d'une société primitive constituée de groupes de forces égales dotés d'une identité propre et pérenne est une hypothèse *ad hoc.*

---

55 *Ibid.*, p. 30. Raymond Verdier ne donne pas d'indications sur les conditions qu'il subsume sous le pouvoir politique. Plusieurs thèses pourraient être invoquées. Celle de Marshall Sahlins, par exemple, qui propose l'idée d'un mode de production domestique dans lequel l'intérêt collectif d'une famille étendue justifierait le don généralisé entre ses membres, lequel don s'opposerait à ce que les intérêts individuels ne deviennent le moteur d'une production compétitive. Les familles s'endormiraient dans l'oisiveté et ne se réveilleraient que lorsqu'elles seraient menacées par d'autres familles du même type qui voudraient s'approprier leur territoire. Une autre thèse voudrait que l'équilibre d'une communauté et du milieu dans un contexte donné atteigne un seuil de rentabilité optimum à partir duquel il serait plus économique pour la communauté de se diviser plutôt que de s'agrandir.

La thèse de l'échange ne contraint pas seulement à imaginer des conditions idoines pour justifier la vengeance mais aussi pour expliquer deux autres sortes de violence concurrentes de la vengeance : la *sanction* et le *sacrifice*.

Si l'agresseur d'une communauté est un membre de la communauté, la vengeance est en effet remplacée par l'une de ces deux solutions, la première pénale, la seconde sacrificielle.

Pour Raymond Verdier, les trois réponses possibles à l'agression – *vengeance* proprement dite, *châtiment* et *sacrifice* – doivent s'interpréter comme des *échanges*[56].

Nous avons dit la difficulté de cette thèse pour la vengeance, mais elle s'accroît encore pour le sacrifice. Le réduire à un échange oblige, en effet, à concevoir un partenaire virtuel : les Dieux.

Cette solution est cependant la même que celle qu'imaginait Marcel Mauss pour le *potlatch* : lorsque le donateur vainqueur de la joute des dons ne connaît plus de rival et qu'il ne peut plus développer sa puissance faute de donataire capable de relancer le cycle du don, il semble qu'il ne donne plus que pour "être socialement" et qu'il ne distribue sa fortune que pour le prestige, de façon ostentatoire, pour montrer sa puissance, dit Mauss. Mais voilà ! dans le *potlatch*, le donateur vainqueur des joutes ne donne pas une partie de ses biens pour montrer sa puissance, il donne *tous* ses biens !

---

56 « *Le vocabulaire de la vengeance va dans le sens de cette interprétation ; il met en évidence le fait qu'il s'agit d'une dette à payer ou plus exactement qu'il s'agit d'un dû que l'un des partenaires est tenu d'acquitter, l'autre d'exiger.* » (*Ibid.*, p. 17). La dette n'est peut-être pas toujours cette contrainte, elle peut signifier au contraire l'obligation faite au puissant d'être et de demeurer donateur afin que le lien social ne puisse être rompu. Dans ce cas, la dette n'est pas faite pour être payée mais pour ne pas l'être.

Mauss évoque les esprits des ancêtres pour expliquer que le *sacrifice* final n'est pas gratuit, qu'il est la prolongation du *potlatch.* Il suggère que le donateur parie sur la reconnaissance des esprits ou des Dieux. Le don apparemment gratuit serait en fait une fois de plus *calculé* car il serait adressé aux Dieux dans l'espoir d'une contrepartie supérieure. Le *prestige* ne serait qu'une monnaie qui attendrait d'être réalisée par les Dieux.

Mauss soutient que les donateurs espèrent donc recevoir plus qu'ils ne donnent. Lorsqu'il constate que dans le potlatch, le dernier donateur donne en vain puisque nul ne saurait lui répondre, il imagine, pour satisfaire l'idée que le don est bien un échange, que le donateur n'acquiert un prestige insurpassable que pour être désigné comme interlocuteur privilégié des Dieux. Le sacrifice, dit Mauss, est un don aux esprits des ancêtres et aux Dieux dont on attend en retour de plus grandes largesses.

Cette conception échangiste du sacrifice a été reprise par Marshall Sahlins[57], qui voit dans le *sacrifice* des Maori un échange avec les Dieux, échange dont il fait le paradigme des échanges entre les hommes.

Mais si les Dieux donnent pour la gloire et sans esprit de lucre, pourquoi les hommes n'en feraient-ils pas autant dans l'espoir d'être comme les Dieux ? Ne serait-ce pas pour le bonheur d'être reconnus par les Dieux comme des hommes *larges* et *puissants* ou pour être élevés au rang des Dieux que les hommes se tournent vers eux et leur offrent des sacrifices ? Et si les hommes abusaient des Dieux en essayant de leurs soustraire de grands biens avec des présents de qualité inférieure, les Dieux ne seraient-ils pas assez intelligents pour découvrir la supercherie ?

57 Marshall Sahlins, *Stone Age Economics* [1972]. Trad. fr. *Âge de pierre, âge d'abondance. L'économie des sociétés primitives,* Paris, Gallimard, 1976.

Raymond Verdier, cependant, reprend le raisonnement de Mauss et l'applique à la vengeance, bien qu'il réfute l'idée d'un échange directement *utilitaire* :

« *Analyser le processus de la vengeance en termes d'opération comptable pourrait donner à penser que l'on est en face d'une transaction commerciale, d'un échange marchand. Il est certain que le marchandage auquel peut donner lieu la composition, là où elle existe, pourrait suggérer cette interprétation et que la vengeance peut devenir un moyen d'acquérir richesse et pouvoir mais il convient d'y voir alors une déviation du système vindicatoire. S'il s'agit bien d'une dette à payer, il ne s'agit, ni d'un paiement ni d'une dette au sens marchand* »[58].

L'échange serait donc celui du capital-vie du groupe, mais dans la représentation qu'il s'en fait, et davantage construit par son imaginaire que par des contraintes ou nécessités d'ordre matériel. Comme Mauss et Lévi-Strauss à propos des dons réciproques, Raymond Verdier récuse l'échange économique au profit de l'échange symbolique :

« *Qu'il s'agisse de vengeance, de peine ou de sacrifice expiatoire, dans les trois cas, une "victime" est réclamée, soit par le vengeur au nom de la solidarité d'un groupe face à un autre, soit par l'accusateur au nom de la société, soit enfin par les Dieux au nom d'une loi "sacrée"* »[59].

Néanmoins, il définit la vengeance comme un échange :

« *Au plan de la communication sociale, la vengeance est un rapport d'échange bilatéral résultant de la réversion de l'offense et de la permutation des rôles de l'offenseur et de l'offensé* . (…)

Nous sommes ainsi conduits à étudier la vengeance comme système – ou sous-système – à la fois d'échange et de contrôle social de la violence »[60].

58 Verdier, *op. cit.*, vol. 1, p. 18.

59 *Ibid.*, p. 35.

60 *Ibid.*, p. 14 et p. 16.

Mauss ramenait le capital-vie du groupe au prestige, à la renommée, au *mana* du groupe, Raymond Verdier le ramène à l'honneur, autre expression du même *mana*[61].

Pour Verdier, la vengeance est attachée tout autant que le don à l'*identité du groupe*. De même que le don est don d'une part de *mana* de la communauté, la vengeance est récupération d'une part de *mana* pour la communauté. Ainsi, lorsqu'un crime est perpétré vis-à-vis de la communauté par l'un de ses membres, il ne paraît pas nécessaire de retrancher la vie de l'agresseur. La vengeance rencontre en effet une limite : aucun des membres de la communauté ne peut en être retranché sans grave dommage pour le capital-vie du groupe. L'on choisirait dès lors d'immoler un animal à la place du coupable afin de pouvoir réintégrer celui-ci dans la communauté.

Mais si un tel sacrifice est un échange de victimes, à qui sacrifier l'animal ? Aux Dieux ! répond Verdier. Les Dieux ont été offensés par les vivants, et comme ils sont les protecteurs jaloux de l'intégrité du groupe, les vivants se doivent de les dédommager.

---

61 Cette distinction entre sang et honneur pourrait introduire la thèse de l'anthropologue brésilien Florestan Fernándes selon laquelle il est nécessaire d'imaginer deux entités surnaturelles, l'unité mystique du groupe et l'empyrée des victimes attendant que les vivants les vengent. Deux entités ordonnant deux types de communication ; l'une communion religieuse entre les vivants et les morts, l'autre dialogue magique entre les défunts et leurs vengeurs, les premiers communiquant leur puissance aux seconds pour qu'ils détruisent l'obstacle qui les empêche de revenir au sein de leur communauté. Cf. Florestan Fernándes, *A função social da guerra na sociedade Tupinambá*, Livraria Pioneira Editora, Univ. de São Paulo, 1970.

La difficulté de cette thèse est que l'on définit les Dieux de façon à répondre à la question que l'on vient de poser. Comme précédemment avec l'identité et l'égalité des groupes, on propose ici une hypothèse *ad hoc*[62].

Il reste aussi à préciser comment l'identité spirituelle du groupe se constitue. L'honneur dont les Dieux sont si jaloux est un capital symbolique dont on ignore toujours l'origine. D'où vient cette identité mystique, et d'où sortent les Dieux ? Deux énigmes !

62 Raymond Verdier interprète le sacrifice comme un échange avec les Dieux, et, dès lors, l'échange disparu d'entre les hommes est retrouvé. Les Dieux apparaissent pour donner un point d'appui à la notion d'échange.

III

Le principe d'union et le principe d'opposition dans la réciprocité de vengeance

Il nous faut donc reprendre cette analyse de façon plus précise en regardant de plus près les faits qui ont servi à élaborer cette thèse. Voyons d'abord comment se constitue le "capital vie". Pour Raymond Verdier :

« *Le capital-vie du groupe doit être d'abord protégé contre toute agression extérieure : à cette protection "externe" répond le principe de la solidarité vindicatoire. (…) Or celle-ci* (la solidarité) *n'est pas une réaction automatique qui serait due à quelque intégration mécanique des individus au groupe, comme si, privés de responsabilité et de personnalité, ils étaient les simples rouages d'une machine ; l'individu et le groupe sont complémentaires en ce sens que l'individu y trouve sa reconnaissance et son statut (cf. Adler) et que le groupe est affecté en tant que tel par la conduite de chacun de ses membres* »[63].

Peut-on préciser cette complémentarité entre l'individu et la collectivité, entre le singulier et la totalité ? Que dit donc Alfred Adler[64] cité en référence à propos des relations entre individus, familles ou clans qui se reconnaissent mutuellement, et de leurs relations avec la totalité du groupe qui peut être affectée en tant que telle, c'est-à-dire dans son unité, par la conduite de chacun ?

---

63 Verdier, *op. cit.*, vol. 1, pp. 20-21.

64 Alfred Adler, « La vengeance du sang chez les Moundang du Tchad », dans *La vengeance, op. cit.*, vol. 1, pp. 75-90.

Alfred Adler étudie le rôle de la vengeance chez les Moundang du Tchad :

« *Le meurtre d'un homme est vengé par ses frères de clan qui cherchent à tuer le coupable ou l'un de ses frères. Ce droit de vengeance, qui est un fait de souveraineté clanique, est pleinement en vigueur et fonctionne en principe, comme si aucun pouvoir d'une autre nature n'existait concurremment* »[65].

Mais par ailleurs :

« *Le pouvoir royal (…) n'exerçait aucune fonction judiciaire à proprement parler. Point de cour ni de représentant quelconque pour dire la loi du prince mais une force et un espace – au sens le plus concret du terme – extérieurs au système de la vengeance entre les clans. La maison royale, ses entours, le village de Léré pour ceux qui habitent ailleurs, les demeures des chefs du village sont autant de sanctuaires qui permettent au meurtrier d'échapper à la vindicte de ses poursuivants. Le criminel n'est pas lavé de son crime, il n'est pas contraint à expier sa faute d'une autre manière, il passe simplement, par le moyen du contact avec la sacralité du pouvoir royal, d'un système de forces à un autre* »[66].

Adler nous présente donc deux légitimités différentes : l'autorité de chaque clan vis-à-vis des autres et l'autorité de l'ensemble des clans réunis en conseil s'exprimant d'une seule voix par le roi. Entre les deux, un seuil. Les personnages qui le franchissent changent de nature, et par conséquent se soustraient aux règles de droit en vigueur dans le système qu'ils abandonnent pour se soumettre à celles de celui qu'ils adoptent.

Le premier système est celui des clans. Il est régi selon les règles de la réciprocité horizontale. Une telle réciprocité dépend du *principe d'opposition* de Lévi-Strauss : toute compréhension s'exprime par deux opposés qui ont chacun une même valeur de signification. Si l'un est dit blanc, l'autre

65 *Ibid.*, p. 76.

66 *Ibid.*

est noir, etc. L'opposition est au service d'une différenciation classificatoire. Appelons cette procédure d'*opposition* plutôt que de *différenciation*, car elle est discontinue alors qu'une différenciation peut être progressive et continue.

Comment la société grandit-elle ?

Au sein d'un clan montent en puissance plusieurs fils. À la moindre dispute, le clan se fissure. L'un des fils va fonder un autre clan :

« *Les Dahe (le clan de la Pirogue) sont des Ban-Suo (le clan du Serpent) mais la lance de la vengeance les a séparés. (…) Ceux que la lance a séparés ne sont plus frères, ils portent des noms de clan ou de sous-clan différents et ils ne peuvent plus hériter les uns des autres : autant de conflits que l'on s'épargne, et, de plus, l'inter-mariage est possible, ce qui est considéré comme un avantage dans une société où l'union préférée est celle avec les plus proches des non-parents* »[67].

L'opposition est décisive puisqu'elle est suffisante pour autoriser la relation de mariage, l'exogamie. Le clan est exogame. La séparation par la lance est créatrice de la relation de réciprocité de parenté. Rien ici ne déroge au principe de réciprocité tel que le décrit Lévi-Strauss dans *Les structures élémentaires de la parenté*. Mais cette différenciation par opposition est redoublée d'un autre processus – un processus d'union – qui pour autant ne la contredit pas.

Le *principe d'union*[68] est incarné, dans la description de

67 *Ibid.*, p. 80.

68 Le *principe d'union* trouve son origine dans ce que Lévi-Strauss a appelé le "système à maison" (cf. *Paroles données*, Paris, Plon, 1984). Le *principe d'union* signifie l'actualisation, selon la polarité de l'homogénéisation, d'une puissance affective née d'une relation de réciprocité, ou *situation contradictoire* pour reprendre les termes de Lévi-Strauss. Cette actualisation engendre l'unité de la contradiction comme deuxième modalité de la fonction symbolique. Elle s'exprime par la *Parole d'union*. (cf. Dominique Temple, *Les deux Paroles*, Collection *réciprocité*, n° 3, (2003).

Alfred Adler, par la royauté de Léré[69]. La royauté est partagée entre une autorité *politique* héritée par le lignage et une autorité *religieuse* qu'elle reçoit lors de son intronisation. L'unité n'est pas une totalité homogène, une indivision, une indifférenciation primitive. Adler insiste au contraire sur le fait que le roi de *Léré* incarne jusque dans sa personne la *tension*, dit-il, de *forces opposées*. Il unit des choses contradictoires entre elles.

La royauté réunit le pouvoir de vengeance et de pardon, il tient dans sa main les valeurs de la réciprocité positive, puisqu'il est le redistributeur de tous les biens matériels et spirituels, mais aussi les valeurs de la réciprocité négative, la décision de la vengeance ou de la guerre.

La royauté est encore l'unité d'une autre contradiction : entre les forces centripètes du conseil des Anciens et des forces centrifuges qui vont s'exprimer par la non-réciprocité des alliances du lignage royal. Le roi délègue en effet son autorité à ses parents sur des villages :

---

69 « *Les Moundang du Tchad constituent une société organisée en clans et régie par un système politique que l'on peut définir comme une royauté sacrée. Le roi de Léré est à la fois un chef politique dont l'autorité légitime est fondée sur la naissance (il est le descendant en ligne directe du fondateur légendaire de la dynastie) et un détenteur de fonctions rituelles et de pouvoirs magiques qui sont consécutifs à son intronisation et à sa sacralisation. Ces deux attributs ne s'additionnent pas pour faire surgir une espèce de souveraineté totale et absolue mais sont comme deux pôles opposés entre lesquels existe une tension qui ne prend fin qu'avec sa mort et jadis, le régicide rituel. La souveraineté du roi de Léré est, à la vérité, doublement divisée : divisée à l'intérieur de sa personne, comme il vient d'être dit et, d'autre part, entre lui et les clans. Ceux-ci participent au gouvernement du royaume par le truchement d'un conseil d'Anciens que les Moundang appellent "zah-lu-seri" (les grands de la terre de Léré). Le conseil dont les membres portent le titre de "zah-sae" (excellent) représente à la fois une instance religieuse qui a en charge les rituels les plus importants du calendrier agraire, les cérémonies de l'intronisation et des funérailles royales et une sorte de juridiction occulte disposant du pouvoir de faire et de défaire les rois.* » Adler, *op. cit.*, p. 76.

« *Le village est une unité politique rassemblant un certain nombre de sections de clans placées sous l'autorité d'un chef de "brousse" ("gõ-za-lale") c'est-à-dire, d'un fils du souverain de Léré envoyé avec l'onction royale ("gbwe") qui en sacralise la fonction. Le pouvoir local procède donc de la façon la plus directe du pouvoir central et se présente comme sa reproduction en plus petit* »[70].

Le roi n'est pas seulement le fruit de l'union des clans, le fils engendré par le conseil des Anciens, le porte-voix de l'unité consensuelle du groupe. Certes, le mythe dit qu'il fut nommé par la réunion de quatre clans fondateurs, mais il est aussi dès l'origine un pouvoir qui s'étend sur la totalité des clans de *Léré*. Il est source de légitimité tout autant que les clans, ou plus exactement, l'unité de la communauté est à la source d'un pouvoir au même titre que l'opposition entre clans. Le processus d'union est tout aussi générateur que le processus de différenciation, la conjonction aussi génératrice que la disjonction.

« *La royauté,* décrit Alfred Adler, *ne représente pas une instance de rang supérieur, elle n'apporte pas des principes plus élevés que le clan et elle n'a, d'ailleurs, aucune prétention de ce genre. Elle est une force et elle dispose d'une puissance qui est étrangère à l'univers clanique bien que tout ce qui la compose vienne de lui à l'exception du principe de la royauté, il va sans dire. Cette puissance est faite d'hommes assujettis à sa personne, d'épouses, en très grand nombre et de "fétiches" (ce que les clans ont dans la main) qui constituent ses regalia. Chacun de ces trois éléments qu'on peut désigner comme les composantes fondamentales de l'institution royale moundang ont subi une transformation en entrant dans cette "composition" : les hommes ont perdu leur personnalité clanique telle qu'elle se définit dans le système de la vengeance, ils tuent, ils peuvent être tués mais toute notion de compensation a disparu. Les femmes, épousées sans "dot" ne sont plus des liens vivants entre les clans, elles sont hors-*

70 *Ibid.*, p. 78.

échange et destinées à des fonctions de production pour créer les richesses indispensables à la vie cérémonielle du palais. Les fétiches enfin, rassemblés dans les mains d'un seul sous la forme de regalia, ont perdu leur valeur différentielle relative pour incarner la différence absolue entre la personne du souverain et l'homme du clan »[71].

La royauté reçoit, dans la description de Alfred Adler, les caractères d'une autorité religieuse. Lorsque la royauté devient un exécutif, cette parole religieuse se traduit territorialement par un pouvoir que Adler dit "politique" car il prétend décider entre ce qui se conforme aux préceptes religieux et ce qui s'en démarque.

Même observation de Serge Tcherkezoff [72] chez les Nyamwezi-Sukuma du nord-ouest de la Tanzanie : le pouvoir du roi est un pouvoir "magico-religieux" en relation avec les forces surnaturelles qui décident des pluies, des récoltes. Même constat que Alfred Adler : le roi est l'origine de tout, et par le sacrifice directement impliqué dans l'expérience religieuse.

Adler insiste surtout sur le fait qu'il existe deux expressions de la société moundang qui ne se confondent pas, qui ne se contredisent pas, qui ne s'annulent pas, bien qu'elles soient contraires l'une à l'autre :

« *Il n'existe pas de politique de la royauté visant à exercer une influence, à peser d'une façon quelconque sur ce système car c'est le fait même de la coexistence d'institutions de sens contraire (mais nullement contradictoires) qui détermine l'action de l'une sur l'autre.* (...)

Chez les Moundang, dit-il encore, *les distinctions structurales des parties sont inentamées mais le principe de l'unité et de la cohésion de l'ensemble est à l'extérieur* »[73].

---

71 *Ibid.*, p. 86.

72 Serge Tcherkezoff, « Vengeance et hiérarchie ou comment un roi doit être nourri », dans *La vengeance, op. cit.*, vol. 2, pp. 41-59.

73 Adler, *op. cit.*, vol. 1, p. 86 et p. 89.

Au lieu d'un simple rapport entre l'individu et le collectif, qui selon Raymond Verdier est un rapport de complémentarité car l'individu trouverait son statut dans la collectivité, voici que nous trouvons deux légitimités, et le concept d'identité à laquelle se référait Verdier se dédouble. Chaque clan affirme son identité par rapport à un autre. L'identité est alors ce qui est commun à un clan, c'est-à-dire à un ensemble d'éléments qui *s'oppose* à un autre ensemble.

Mais il y a une autre identité qui procède, au contraire, de l'union des clans autour de la royauté. On doit dès lors appeler *union* la convergence de termes différents voire opposés. Le centre devient *l'unité de la contradiction.*

Le centre est un point d'équilibre et même de ralliement de forces antagonistes. L'union suppose que la différence, au lieu de s'extérioriser dans une opposition déployée, s'intériorise dans une totalité fermée et qu'elle soit progressive, continue, sans rupture. L'identité de la chefferie qui l'incarne n'est pas la même chose que l'identité des familles partageant le même sort. La royauté est l'expression de l'unité d'une totalité de forces qui ailleurs se trouvent séparées. Elle réunit dans une seule main le pouvoir de la vengeance et de l'alliance. Grâce à elle, le symbole de l'humanité pourra s'interpréter simultanément dans l'imaginaire de la vengeance et dans l'imaginaire de l'alliance.

Serge Tcherkezoff confirme :

« *La conséquence d'un meurtre sera ainsi déterminée par la valeur "royale" ; valeur supérieure, englobante, et qui affirme constamment que la totalité n'est pas une addition, une juxtaposition d'éléments unitaires semblables ou symétriques, mais la réunion symbolique des opposés asymétriques et que, d'autre part, ce niveau de réunion est toujours supérieur aux états où ces opposés sont perçus séparément* »[74].

74 Tcherkezoff, *op. cit.*, vol. 2, pp. 41-42.

Ici, le *principe d'union* l'emporte sur le *principe d'opposition.* La notion d'identité doit donc se dédoubler. Elle peut être l'homogénéité du clan ou de la famille, et, dans ce cas, elle se ramène à l'identité de qui doit affronter la différence de l'autre par *opposition,* et elle peut être l'identité d'une totalité qui est une force d'*union* rassemblant toutes les oppositions.

« *Le roi représente ce lien en étant devenu, après son intronisation, à la fois le descendant de ces grands ancêtres et le "père" de tous les habitants. Le sacrifice des bœufs royaux, organisé par la cour, vient régulièrement réaffirmer ce principe. Là où s'arrête ce lien, c'est l'extérieur innommé, l'interdit ("mwiko")...* »[75].

Cette force d'union exclut la possibilité de retrancher un membre de la communauté. Il n'y a pas de possibilité d'échange réel ou symbolique entre le groupe et l'individu. Dès lors, on peut même se demander si la communauté agressée par l'un des siens n'est pas lésée non par la violence qui lui est faite mais par la menace d'une *opposition* à laquelle celui-ci l'expose par son délit.

« *Dans la mesure où la transgression d'un interdit fondamental, comme l'inceste ou l'homicide d'un parent, fait courir un risque à tout le groupe*, écrit Raymond Verdier lui-même, *on devra procéder à un rituel collectif de purification et de réparation* »[76].

L'unité de la totalité ne peut être mise en péril par le fait que l'un des siens prétende ne plus lui appartenir et rompre l'efficacité du principe d'union. C'est la totalité de la communauté comme unité qui va donc payer, racheter l'exclu victime de sa violence et le rétablir dans ses prérogatives grâce à un sacrifice. Les Dieux sont les garants – ou l'image – de l'union. Par de-là les individus, il existe donc une entité qui est une totalité dont l'unité est insécable.

---

75 *Ibid.*, p. 44.

76 Verdier, *op. cit.*, vol. 1, p. 22.

Chez les Gamo d'Éthiopie, décrit Raymond Verdier :

« *À partir de son acte, le meurtrier devient un hors-la-loi et doit disparaître, mais tout est mis ensuite en œuvre pour qu'il revienne. À son retour, le premier sacrificateur du "pays" accomplit un sacrifice au cours duquel le meurtrier et le plus proche parent de la victime passent à l'intérieur d'une ouverture pratiquée dans la peau de l'animal sacrifié ; ce rite marque leur renaissance à un ordre nouveau* »[77]

La totalité de la communauté, pour être restaurée, implique la réunion de la victime et de son agresseur ; et son retour dans la communauté a lieu à travers le passage de l'ouverture pratiquée dans l'enveloppe de la société par le sacrifice.

Le groupe n'est donc pas constitué seulement d'individus qui demandent que leurs statuts soient reconnus de tous. Leurs relations ne sont pas un rapport du particulier au général. Il y a, d'une part, des familles qui se demandent mutuellement reconnaissance dans un ordre classificatoire donné de réciprocité d'alliance et de vengeance : c'est le système des clans. Il y a, d'autre part, une totalité où les individus sont tous parties prenantes. Dans ce second système, il n'importe plus de définir des oppositions et des différences, mais des convergences (ou des communions). On comprend, dès lors, que les deux systèmes ne sont jamais en vigueur simultanément dans le même espace. Ils ont chacun une territorialité séparée.

Or, les deux systèmes sont apposés l'un à l'autre… ce qui a fait parler Adler de la "coexistence d'institutions contraires" ; observation d'une portée considérable car si de telles institutions sont traitées comme des contraires, et si le *contradictoire*, comme nous l'avons proposé, est à l'origine du *sens*, alors il devra être reproduit à l'intérieur de chacun des deux systèmes institutionnels, régis l'un par le *principe*

77 *Ibid.*

d'opposition, l'autre par le *principe d'union.*

On ne peut mieux que Alfred Adler et la société moundang définir chacun des deux principes d'union et d'opposition, et reconnaître en eux deux principes d'organisation sociale créateurs de nouvelles structures[78].

La différenciation par opposition, en effet, ne se poursuit pas à l'infini : elle se reploie sur elle-même pour former de nouveaux équilibres – la lance sépare, mais aussitôt les parties séparées sont exogames et peuvent s'unir par le mariage. Et de même l'union n'est pas seulement convergence, elle est aussi un mouvement centrifuge : l'extension du pouvoir royal, le rayonnement de la Parole d'union. De sorte qu'entre ces deux forces de convergence et de divergence se recréent de nouveaux équilibres contradictoires.

Il semble que dans l'exemple des Moundang du Tchad comme dans celui des Nyemwezi-Sukuma de Tanzanie, le système d'opposition soit de plus en plus dominé par le système d'union. Le roi étend son empire au-dessus de celui des clans. Mais dans d'autres sociétés, la situation est inversée, et dès lors le principe d'union se réfugie à l'intérieur des clans. Il devient le principe d'organisation interne de chaque clan. On observera ainsi la soumission des générations à l'ancêtre du clan.

Chez les Ossètes du Caucase, où la réciprocité horizontale structure l'ensemble de la société, André Itéanu décrit :

« *La figure du père représente le groupe. C'est lui l'homme, le guerrier dans les mythes et les récits. C'est à lui que sont destinées les femmes enlevées à l'ennemi. C'est lui qui décide du mariage des hommes de son groupe. Il est sans conteste le maître des femmes. On dit qu'il "possède" la terre et c'est à lui qu'il revient d'en faire le partage. Il préside*

78 Cf. Dominique Temple, *Les deux Paroles*, *op. cit.*

à tous les rituels sans lesquels aucune fertilité ne serait possible. Son autorité est omniprésente. Et si le père n'était pas, c'en serait fini du feu. Ainsi Batra, héros Narte, quand il apprend l'assassinat de son père s'écrie : "Mon foyer est détruit, mon feu s'est éteint !" »[79].

« *Le chef du groupe*, poursuit Itéanu, *est le plus âgé, l'ancien, "le père". Il a le droit de vie et de mort sur les plus jeunes et en particulier sur ses propres fils. À l'inverse, le meurtre du père par le fils entraîne chez les Ossètes une conséquence unique pour un acte violent : l'élimination par le groupe étendu de tous les membres de la maison du coupable et la destruction par le feu de tous leurs biens. C'est un anéantissement total accompli par la collectivité avec le désir de rendre le parricide, acte impensable, nul et non avenu* »[80].

Les termes de Itéanu soulignent que dans une totalité régie par la *Parole d'union,* il ne peut y avoir séparation par opposition. L'anéantissement du parricide ou du régicide et de toute sa maisonnée, c'est bien une exclusion hors de l'être dont le principe d'union est la manifestation, l'exclusion par le néant car le parricide déroge au principe d'union lui-même. Il s'agit d'un *anéantissement*, nous dit Itéanu, parce que *l'acte est impensable.*

L'auteur montre au moins que l'union est l'union de tout, qu'elle est aussi la source de tout, l'origine. Hors de la totalité de l'être, le néant. Cette limite entre tout et rien n'est pas une opposition comme celle des clans entre eux. L'*autre*, ici, ne cesse d'appartenir à la totalité, ou bien n'existe pas. Le *soi* et l'*autre* devront se définir par des relations qui excluent le principe d'opposition. Et nous devons préciser sous quelle forme la différence peut donc se manifester à l'intérieur de la totalité puisqu'elle ne peut plus s'autoriser d'une expression comme celle d'opposition.

79 Itéanu, *op. cit.*, vol. 2, pp. 63-64.
80 *Ibid.*, p. 64.

Elle se manifeste par une divergence progressive, sans hiatus, en forme de *dégradé*, ployée sous le joug de la continuité. Lorsque l'autorité du roi se hiérarchise, elle se délègue en effet de façon continue du centre de la communauté vers la périphérie en s'affaiblissant progressivement pour disparaître aux limites de la communauté. Elle s'exprime soit par la parenté, soit par la richesse symbolique. Dans ce cas, on constate que le même symbole, souvent du bétail, vaut à la fois pour les relations de réciprocité positive ou les relations de réciprocité négative. Cette équivalence n'est pas due à une loi quelconque d'échange, mais au *principe d'union* qui impose une référence unique pour des opérations antithétiques. D'où probablement l'équivalence entre ce que l'on appelle le "prix du sang" et le "prix de la fiancée".

Chez les Mongols, étudiés par Roberte Hamayon[81] :

« *Ce sont les deux mêmes principes qui opèrent, ici et là, pour structurer la société : celui de la parité statutaire des groupes, qui établit entre eux des relations réciproques ; celui de la hiérarchie qui ordonne tant les individus au sein des lignées en fonction de l'âge et du sexe, que les lignées entre elles au sein des clans, en vertu de la séniorité du fondateur de la lignée* »[82].

Ces deux principes d'opposition et d'union expriment le même être social sous deux formes contraires, mais sont à l'origine aussi de deux systèmes institutionnels contraires qui chacun crée du sens en son sein. Le passage de l'un des systèmes à l'autre rend le premier immédiatement non pertinent. Ainsi, dans la société moundang, l'assassin qui se réfugie dans le village de *Léré* (siège de la royauté) échappe à

81 Roberte Hamayon, « Mérite de l'offensé vengeur, plaisir du rival vainqueur. Le mouvement ascendant des échanges hostiles dans deux sociétés mongoles », dans *La vengeance, op. cit.*, vol. 2, pp. 107-140.

82 *Ibid.*, p. 133.

toute vengeance parce qu'il devient sujet d'une autre conception de la réalité. Il en est de même chez les Ossètes. Il suffit de se rendre chez un autre, fût-il un clan ennemi, et de changer de système de référence pour être à l'abri des conséquences que l'on pouvait redouter du système dont on faisait partie.

« *"Si l'Ossète, au moment où il est poursuivi, franchit le seuil de la maison d'un homme puissant et passe autour de son cou la chaîne qui pend au-dessus du foyer, s'il met le bonnet du maître et s'il se recouvre du pan de son vêtement, il trouvera appui et protection". (Kovalevsky, p. 267). S'il lui arrivait quelque chose, la famille dont il est l'hôte devrait entreprendre la vengeance comme s'il s'agissait de l'un des siens* »[83].

Le réfugié recourt donc à une procédure d'affiliation. Il met autour de son cou, comme un joug, la chaîne du foyer qui représente la généalogie de la famille qu'il adopte. Il fait allégeance au père. Il se soumet au *principe d'union*. Une formule qui peut aboutir à ce qu'un clan ennemi accepte d'adopter un de ses assassins !

Chez les Beti du Cameroun, autre société clanique régie extérieurement par la réciprocité horizontale, même investissement du principe d'union à l'intérieur du clan. Les Beti ont une société, décrit Philippe Laburthe-Tolra[84], formée de grands lignages patrilinéaires dans lesquels s'emboîtent plusieurs "*mvog*".

Le *mvog* est un hameau de plusieurs familles. Le *mvog* responsable de tous est celui qui regroupe les descendants du grand-père de la génération la plus âgée parmi les vivants. Il y a donc dispersion des *mvog*, mais aussi union autour d'un principe généalogique qui annonce la monarchie.

83 Itéanu, *op. cit.*, vol. 2, p. 67.

84 Philippe Laburthe-Tolra, « Note sur La vengeance chez les Beti », dans *La vengeance, op. cit.*, vol. 1, pp. 157-166.

Philippe Laburthe-Tolra souligne à sa manière le caractère de totalité de toutes les prestations d'un *mvog* :

« *Il n'y avait ni monnaie, ni marché, et l'institution d'échanges purement commerciaux était inconnue, car le véritable capital, l'unité de référence dans les échanges et dans l'évaluation des "richesses", n'était autre que l'homme. (…) Il en résulte une totale identification de la richesse et du pouvoir politique : le "riche" ("nkukuma" dans la langue), c'est celui qui dispose du plus grand nombre possible de gens à son service et à ses ordres. L'économique et le politique s'interpénètrent* »[85].

Ainsi, tout est partagé, distribué sans discontinuité. La richesse est impossible à diviser entre les hommes appartenant au *mvog*. Elle leur est commune bien que chacun ne participe au pouvoir qu'en fonction de sa proximité avec le centre qui figure l'unité, une proximité qu'établit surtout le degré de parenté, et une idéologie qui se dévoile, finalement, dit l'auteur, comme une *foi religieuse*[86].

Cette religiosité est d'autant plus marquée que le principe d'union domine. Dans l'Inde brâhmanique, Charles Malamoud[87] observe :

« *Le roi, d'autre part, n'est assuré d'être en accord avec le "dharma" que s'il dispose des avis et de la caution de conseillers brâhmanes. À vrai dire, quand il agit sous l'inspiration des brâhmanes, le roi est comme l'incarnation du "dharma"* ».

Et enfin : « *Analogie fréquente, presque mécanique, dans l'Inde du brâhmanisme ancien : toute activité un peu complexe, humaine ou divine, à condition d'être orientée vers un but compatible avec le "dharma", ou avec une forme de "dharma", est volontiers analysée comme un sacrifice (…)* »[88].

---

85 Laburthe-Tolra, *op. cit.*, vol. 1, p. 158.

86 *Ibid.*, p. 165.

87 Charles Malamoud, « Vengeance et sacrifice dans l'Inde brâhmanique », dans *La vengeance, op. cit.*, vol. 3, pp. 35-46.

88 *Ibid.*, pp. 38-39.

Ces brèves citations suggèrent que le roi est l'exécutif du principe d'union et du pouvoir religieux des prêtres, d'un pouvoir protégé par le sacrifice, mais il est aussi le juge vis-à-vis de quiconque ne règle pas sa vie sur l'observance des pratiques génératrices du *dharma*.

Le *dharma* est la valeur d'être, la puissance éthique commune à tous les membres de la communauté. Le roi est l'homme qui applique ou fait appliquer la parole religieuse – le *Veda* – code juridique, mise en forme pratique de l'éthique sur les conseils ou la dictée du Conseil des brâhmanes. Le roi est consubstantiellement *dharma* lorsqu'il obéit aux brâhmanes. La domination du principe d'union est ici écrasante, mais dès que le roi ne respecte plus ses obligations, c'est alors le retour aux règles claniques de la réciprocité selon le principe d'opposition, comme l'indique la longue histoire mythique que rapporte Charles Malamoud, une interminable geste d'offenses et de vengeances entre deux clans.

VENGEANCE *AD EXTRA*, VENGEANCE *AD INTRA*

Rappelons que, pour Raymond Verdier, la vengeance à l'extérieur « *a pour corollaire l'interdit de vengeance au sein du groupe* »[89].

Ramenant la vengeance à la protection de l'identité, il concluait :

« *Cette solidarité caractéristique des groupes vindicatoires répond à une double exigence : l'obligation de vengeance au plan extérieur, l'interdit de vengeance au plan intérieur ; obligation et interdit sont les deux faces externe et interne de la solidarité* »[90].

---

89 Verdier, *op. cit.*, vol. 1, p. 22.

90 *Ibid.*, p. 35.

La sanction naîtrait logiquement de cet interdit.

« *Cette réponse sacrificielle au crime à l'intérieur de la communauté fait pendant à la réaction vindicatoire au-dehors ; l'une et l'autre visent à restaurer l'unité et l'intégrité du groupe : ici, en retournant l'offense contre l'offenseur, là en réparant les effets destructeurs du crime commis par l'un des siens* »[91].

De plus, comme l'identité du groupe a été souillée, des *rites de purification* sont nécessaires.

Plusieurs auteurs soutiennent que le sacrifice est ordonné à une *purification,* et que la *sanction* indiquerait l'émergence d'une autorité extérieure aux uns et aux autres puisque capable d'interdire la vengeance. La vengeance ne serait plus qu'une forme primitive de justice caractéristique des systèmes non encore unifiés politiquement. D'où la séquence suivante : les groupes se définissent par leur identité primitive, s'affrontent, et s'ils sont de forces égales, se stabilisent. La recherche de la stabilité fait saillir le schème de la réciprocité. La paix s'instaure et, avec elle, le politique. Dans ce cadre, il devient possible de substituer aux violences, des dons et des alliances. La chefferie se constitue qui pose comme interdit la vengeance à l'intérieur et la remplace par la sanction pénale, puis elle procède à la purification de la souillure, à laquelle la transgression des interdits condamne la communauté entière, par le sacrifice aux Dieux.

Cette séquence peut s'expliquer en partie si l'on s'intéresse à des situations où :

- le principe d'union s'impose au principe d'opposition,
- la réciprocité positive l'emporte sur la réciprocité négative,
- et l'imaginaire sur le symbolique.

91 *Ibid.*, p. 23.

Désormais, la parole du roi ou du chef de clan domine celle des protagonistes de la vengeance ; tandis que l'expression de la valeur de la réciprocité positive devient le *bien,* et celle de la réciprocité négative, le *mal.* La question du sacrifice demeure néanmoins ambiguë. Pourquoi la *purification* exigerait-elle d'immoler aux Dieux ?

Mais d'autres communautés gardent le choix entre deux options que l'on a repérées par les termes d'*union* et d'*opposition.* La vengeance aura dès lors un visage différent suivant l'option envisagée. On reconnaît ces deux visages dans l'étude de Philippe Laburthe-Tolra qui précise les caractères de la vengeance à l'extérieur et à l'intérieur du *mvog* :

« *Puisque chaque lignage, en principe, traite avec tous les autres sur pied d'égalité et en toute souveraineté, l'"intérieur" de la société ne peut être défini ici que comme l'intérieur du lignage (mvog). Cependant, sous le rapport de la sanction, le modèle pénal ne se distingue guère d'un modèle vindicatif "ad extra". Dans tous les cas, l'auteur (présumé) d'une mort doit la payer de sa propre vie en principe : holocauste auquel lui ou ses parents peuvent substituer le don d'une autre vie (femme, esclave), ou d'autres compensations (animaux)* »[92].

On reconnaît d'abord le principe d'opposition en vigueur à l'intérieur comme à l'extérieur, ce qui justifie l'équivalence du pénal et de la vengeance, mais aussitôt, Philippe Laburthe-Tolra précise que la peine peut être remplacée par le sacrifice ; ce qui prouve qu'alors intervient le souci de la totalité de la communauté et non plus l'intérêt de ses différentes parties.

« *La différence naît de ce que le crime à l'intérieur du lignage (homicide ou encore inceste) correspond à la violation d'un interdit et que sa réparation s'accompagne de rituels expiatoires ("So, Tso") : le lignage s'acquitte de sacrifices (substituts de sacrifices humains) à l'égard des Invisibles, puisqu'il ne peut guère se donner à soi-même des compensations*

92 Laburthe-Tolra, *op. cit.*, vol. 1, p. 159.

effectives. À défaut de fournir ces réparations, les vivants du lignage connaîtront solidairement une série de malheurs (maladies, stérilité, décès successifs et rapprochés...) conçus comme un juste châtiment de la part des Invisibles, jusqu'à ce que le mvog concerné reconnaisse sa dette et se mette en devoir de l'acquitter. Le sacrifice apparaît donc ici comme une forme "ad intra" de la vengeance, l'expression de la conduite vindicatoire qui satisfera le sens de la justice attribué aux morts (figure sacralisée des vivants) »[93].

Philippe Laburthe-Tolra propose de voir entre la vengeance d'une part, et la peine et le sacrifice d'autre part, une homologie. Ce sont tous des holocaustes, dit-il.

La thèse de Laburthe-Tolra rétablit un parallélisme originel justifié par l'équidistance des deux principes d'union et d'opposition. Chez les Beti, à l'intérieur de la communauté, la famille sacrifie l'offenseur qui s'est conduit en ennemi aux Invisibles, c'est-à-dire aux ancêtres. Mais, de même que dans la vengeance *ad extra* il est possible de substituer une relation de réciprocité d'alliance à une relation de réciprocité de meurtre, et donc un mariage à un meurtre, dans la vengeance *ad intra* il est possible de remplacer le meurtre du meurtrier par une alliance (don d'une femme ou d'une esclave qui sera tuée pour rejoindre les défunts).

Nous verrons également que le passage entre la réciprocité positive et négative peut s'effectuer dans les deux sens, comme l'indique l'inféodation de la relation matrimoniale à la génération d'un homme en âge de porter les armes, et la suprématie, dans bien des relations intergroupes, de la réciprocité négative pour élargir l'être social sur la réciprocité positive. La forme de passage de la réciprocité positive à la réciprocité négative implique la *trahison*, que nous n'étudierons pas ici mais qui trouve dans la littérature ethnologique une

93 *Ibid.*, pp. 159-160.

myriade d'exemples.

Si l'on veut à présent maintenir un parallèle entre vengeance et sacrifice en termes d'échange, il faut imaginer une relation bilatérale entre les Dieux et les hommes. Chez les Beti, le sacrifice est, nous dit Laburthe-Tolra, une vengeance concédée aux Invisibles qui se vengeraient eux-mêmes si les vivants ne prenaient les devants. Mais le lien social hypostasié dans les Invisibles ne serait-il pas la finalité du sacrifice ? L'esprit divin ne procèderait-il pas du sacrifice plus qu'il ne le précèderait ? Et le sacrifice ne serait-il pas le moyen de focaliser par l'unification des relations de réciprocité tous les liens d'âmes en un lien unique ?

Philippe Laburthe-Tolra est imprécis sur ce dernier point, mais il note :

« *Dans toute offense réelle ou soupçonnée, comme dans toute infortune, B peut toujours s'en remettre aux êtres Invisibles (Dieu = Zamba ou les ancêtres) de faire justice. Qu'il s'agisse ou non de vengeance dans ce cas me paraît être une question de définitions, mais les ancêtres ou Zamba ne sont-ils pas "vengeurs" ici au sens où l'est Yahvé dans l'Ancien Testament ?* »[94].

C'est bien dans la direction d'un Dieu unique qu'est orientée la réflexion. Mais que signifie le sacrifice ? Est-ce une victime en échange du meurtrier ainsi récupéré au bénéfice de l'unité "du capital-vie" ? Le sacrifice est-il bien un échange avec les Dieux ?

Nous opposerons à cette thèse l'observation suivante : la communauté, du moment qu'elle s'identifie à l'agresseur, a le sentiment de perdre son âme : le meurtrier, en effet, perd son *âme de guerrier* (qui est une part de l'âme du groupe) en la consommant dans son meurtre. La communauté s'identifie donc à cette "mort spirituelle". Mais elle poursuit le cycle en

94 *Ibid.*, p. 161.

permettant à cette mort spirituelle de s'actualiser, de passer à l'acte, c'est-à-dire de devenir une mortification réelle : par le sacrifice, elle meurt donc de façon réelle car c'est le seul moyen pour elle de reconquérir une âme (ou une portion de l'âme collective) équivalente à l'âme perdue[95].

Redisons ce point important : la communauté meurt "spirituellement" en s'identifiant au meurtrier qui est mort spirituellement. Et elle est contrainte à cette identification par le *principe d'union*. Mais elle reconquiert l'intégrité de son âme en acceptant une mort réelle. Elle accepte donc une mortification, et se sacrifie "réellement" à la place de son agresseur. Lorsque l'on dit que si la communauté ne prenait les devants par une auto-meurtrissure elle encourrait le châtiment des Dieux, on dit qu'elle est déjà dans un état de mort spirituelle. Les Dieux vengeurs sont la représentation de cette mort spirituelle, l'esprit de la mort, immédiatement conjoint avec la condition de meurtrier.

Il n'est donc pas utile d'inventer une préexistence des Invisibles. Les Invisibles vengeurs sont inhérents à la situation de mort spirituelle du meurtrier. Ils sont créés par le meurtre. Par rapport à la vengeance *ad extra*, les moments du cycle de réciprocité sont inversés. La communauté devenue solidaire du meurtrier doit non pas se venger mais accepter la vengeance, puisqu'elle est meurtrière du fait de son union au meurtrier, donc, d'une certaine manière, mourir ou plutôt se faire violence à elle-même, puisque tout se joue à l'intérieur de sa totalité, afin de reconquérir une puissance guerrière qui sera son Dieu protecteur. Son sacrifice engendre son Dieu protecteur.

Dieu vengeur et Dieu protecteur sont deux figures du même cycle de la vengeance *ad intra*. L'un, la conscience de la communauté meurtrière, l'autre, de la communauté qui se

---

95 Cf. Temple & Chabal (1995).

meurtrit. Certains auteurs ont ressenti cette conjonction du meurtrier et de la communauté, et le paradoxe qui en résulte. Ils ont alors été conduits à opposer sacrifice et vengeance de façon radicale.

« *Et quand on examine la relation entre le bourreau et la victime, on remarque même que la vengeance est le contraire du sacrifice, puisque le vengeur déteste sa victime, et veut la faire souffrir, tandis que ce que le sacrifiant éprouve pour la sienne c'est de la reconnaissance : il reconnaît en la victime l'alter ego qui lui permettra de préserver sa propre personne ; il veut lui épargner toute douleur inutile ; il lui promet le ciel, qui est son propre désir ; si forte est la sympathie, la volonté d'identification qui le portent vers sa victime, qu'il cherche dans son attitude un signe d'assentiment avant de l'immoler* »[96].

Charles Malamoud parle de l'Inde brâhmanique, mais ses conclusions pourraient s'appliquer aux Aztèques ou aux Incas qui appelaient *fils* leurs prisonniers destinés au sacrifice et les honoraient comme des Dieux. Certes, ce que montre Charles Malamoud révèle qu'à l'intérieur du cycle de la réciprocité, la vengeance est le passage à l'acte de la *conscience de meurtre* de la victime, et que le sacrifice est ensuite la mortification qu'elle s'inflige lorsque sa *conscience de mort* – inhérente à sa nouvelle réalité de meurtrier – passe à l'acte. Le vengeur se meurtrit lui-même et ce faisant il restaure son identité imaginaire. Cependant, il ne peut se tuer lui-même. L'identification à une victime de substitution est ainsi nécessaire pour que le cycle puisse se poursuivre. Néanmoins la victime, c'est bien lui, comme le spécifie Charles Malamoud :

« *Il reconnaît en elle l'alter ego qui lui permettra de préserver sa propre personne* ».

96 Malamoud, *op. cit.*, vol. 3, p. 40.

Ce que Raymond Verdier constate lui-même lorsqu'il étudie la vengeance chez les Kabiyè, dans la région Kara au nord du Togo, et qui nous permet de vérifier que l'actualisation du meurtre voue le meurtrier à une *conscience de mort,* dont il n'échappera que lorsque cette conscience de mort sera à son tour actualisée d'une façon ou d'une autre :

« *Le mal commis – "esatu" – condamne son auteur au malheur ou à la mort. La malédiction ne pourra être évitée ou levée que si le mal est réparé à temps, par le rachat de sa souffrance* »[97].

Comme cette dialectique de l'offense et de la souffrance a pour cadre une *cité* organisée par le principe d'union, c'est le prêtre qui procède par un sacrifice à la mortification nécessaire pour que l'unité spirituelle du groupe entier soit reconquise :

« *En rompant une loi fondamentale, le criminel attente à la vie de la communauté ; en ce sens, son acte est une souillure (…) qui ne peut être lavée que par les garants de la loi, les prêtres, seules personnes habilitées à procéder dans les hauts lieux aux sacrifices (…). Si le transgresseur (…) avoue son crime et en demande réparation, les prêtres se rendent dans les lieux saints pour implorer le pardon des divinités offensées et leur offrir en sacrifice l'animal qu'elles réclament au criminel pour "refroidir leur cœur". (…) Si la victime est agréée, le mal est purifié, le lien vital reliant la communauté à ses ancêtres fondateurs restauré et le criminel réintégré dans la société. Si les divinités ne reçoivent pas leur "don" et leur "dû" (cf. infra) elles châtieront, outre le coupable, toute la communauté par toutes sortes de calamités naturelles (sécheresse, pluies diluviennes, criquets…* »[98].

Principe d'union, sacrifice, religion…

Mais les sacrifices ne sont pas reconnus par leurs auteurs comme générateurs de l'esprit divin. Au contraire, l'esprit divin est déclaré commanditaire du sacrifice. D'autre part, la réciprocité positive l'emporte souvent sur la réciprocité négative qui, en tant que sa négation, devient le *mal.*

---

97 Verdier, *op. cit.*, vol. 1, p. 206.

98 *Ibid.*

Le sacrifice, dès lors, n'est plus tant l'acceptation d'une mort par la communauté meurtrière qu'une expiation pour se purifier d'une souillure. Enfin, les calamités naturelles ne sont pas significatives de la conscience de mort dans laquelle est plongée la communauté du fait de son identification au meurtrier, mais des vengeances des divinités. Ces renversements sont caractéristiques de la naissance des idéologies.

Sans doute l'interprétation des Kabiyè justifie-t-elle celle de Raymond Verdier. Les Kabiyè rendent certainement compte des valeurs de leur société par une idéologie. Il reste donc à découvrir comment se forment les idéologies et pourquoi la représentation s'impose aux Kabiyè comme principe moteur de leurs actes.

Cependant, nous avons aperçu que la séquence linéaire entre vengeance *ad extra* et *ad intra*, qui ferait de la vengeance un bouclier pour l'identité du groupe et le corrélat de la réciprocité des dons, et enfin l'interprétation du sacrifice comme un échange avec des dieux, n'est qu'une interprétation qui veut satisfaire une idéologie, l'idéologie de l'échange.

Il semble bien, néanmoins, qu'il existe en réalité deux séquences, l'une qui conduit à la vengeance entre les groupes, et l'autre qui conduit au sacrifice dans le groupe ; et qui répondent à deux principes d'intégration de la société relevant directement de deux modalités de la fonction symbolique : le principe d'opposition et le principe d'union.

D'autre part, la réciprocité de vengeance, qui selon Raymond Verdier peut être le prolongement de la réciprocité des dons avec pour but de pérenniser un capital imaginaire, peut aussi donner naissance à une dialectique de la vengeance génératrice de valeur. La réciprocité des dons et la réciprocité de vengeance apparaissent alors comme deux formes de la réciprocité qui, chacune dans un imaginaire propre et opposé, permettent de créer l'être de référence d'une communauté. Celui-ci, par conséquent, ne précède pas la réciprocité, il en est la finalité.

La raison pour laquelle les différents contributeurs de *La vengeance* postulent l'*être* de la communauté comme un capital donné *a priori* vient sans doute de ce que les membres de la communauté eux-mêmes appréhendent les choses à partir de leur sentiment d'appartenance à cette communauté, et accordent à leurs représentations une certaine autonomie du fait qu'ils ignorent les structures qui leur donnent naissance. Ils ont seulement conscience de Dieux vengeurs et de Dieux protecteurs, qui peuvent être d'ailleurs confondus par le principe d'union.

Les Dieux protecteurs ou les Dieux vengeurs sont en réalité nés de la réciprocité, les Dieux vengeurs sont la conscience d'une communauté qui s'assimile à son meurtrier par le principe d'union, et les Dieux protecteurs la représentation que se donne la même communauté qui rétablit son intégrité par son auto-meurtrissure ; mais ces représentations sont tenues pour motrices des actes qui les engendrent, à savoir le meurtre d'une part, et d'autre part la mort.

Les hommes n'échangent donc pas avec les Dieux. Les Dieux sont les consciences des hommes qui ignorent les conditions de leur genèse et qui ignorent que les relations de réciprocité sont les matrices de leur conscience.

IV

La genèse de la valeur dans la réciprocité négative

L'IMPORTANCE DE LA MORT DANS L'ÉMERGENCE DU SYMBOLIQUE

Bien que ce soit souvent par les meurtres que les guerriers comptent leur puissance et leur renommée, ils n'acquièrent celle-ci que par les morts subies par leur communauté. Autant de deuils, autant de puissance de vengeance. Que les esprits de vengeance (ou le Dieu, si l'on est dans un système d'union) soient conjoints à l'expérience de la mort n'est pas souvent souligné par les interprètes mais ressort de nombreuses observations.

Chez les Beti du Cameroun, par exemple, si l'auteur d'une infraction majeure est un homme riche, il doit, pour rendre la santé à son lignage frappé de stérilité, organiser un grand rite expiatoire coûteux, qui constitue en même temps l'initiation des jeunes gens : en subissant une série de brimades, ils prennent la place du fautif et par leurs souffrances apaisent la colère des ancêtres, gardiens de l'ordre[99].

99 Laburthe-Tolra, *op. cit.*, vol. 1, p. 164.

C'est par la souffrance que les jeunes initiés restaurent la vie de leur communauté après s'être identifiés à un meurtrier, qui, lui, est dans une conscience de mort pour avoir perpétré un meurtre. Ils transforment sa mort spirituelle en mort réelle, ils meurent à sa place.

Même chez les Ossètes du Caucase, où l'imaginaire de la violence est tout puissant, le préalable de la mort subie n'est pas oublié. Aussitôt le cadavre est-il ramené parmi les siens que tous les parents se marquent le visage avec le sang du mort : identification collective à la victime. Et l'*âme de vengeance* qui naît de cette communion dans la mort s'exprime immédiatement dans un serment solennel de vengeance, comme si la proclamation du nom de la vengeance entraînait irréversiblement sa réalisation. Le cadavre de la victime est placé à l'intérieur d'une nécropole en forme de tour composée de niches disposées en spirale autour d'un puits. Lorsqu'un nouveau corps est amené, le plus ancien tombe dans le puits[100].

On se souvient de la raison que les Jivaros donnent de la substitution des âmes de vengeance. La première âme de vengeance disparaît avec l'exécution de la vengeance, mais elle est remplacée par la seconde qui s'acquiert par la mort. Il n'y a donc toujours en jeu qu'une âme de vengeance qui apparaît avec la mort. Par contre, la contradiction de la mort subie et du meurtre de vengeance crée une *conscience de conscience*. Les Jivaros disent que cette puissance (*kakarma*) demeure tant que la réciprocité enchaîne l'âme de vengeance qui disparaît avec le meurtre et l'âme de vengeance qui apparaît avec la mort subie. Mais, aussitôt le futur meurtrier a-t-il décidé de se nommer

100 « *Le groupe est constitué des membres vivants adultes et des morts actifs dont la mémoire est gardée et dont les corps sont conservés dans une tombe en forme de tour possédant sur ses parois internes un nombre limité d'alvéoles. Quand un nouveau cadavre arrive, le corps le plus ancien est précipité dans le trou central où il perd son identité.* » Itéanu, *op. cit.*, p. 72.

comme meurtrier, la proclamation de son nom initie la perte de son âme de vengeance, car l'acte de celle-ci est indissociable de la parole qui en donne l'ordre.

On peut rapporter ce schéma théorique aux Ossètes. Dès que le nom du futur meurtrier est déclaré, aussitôt l'âme de vengeance commence à disparaître, condamnant son détenteur à l'acte sous peine qu'il ne devienne moins qu'un homme. Cependant, la vengeance n'est pas une affaire individuelle, comme chez les Jivaros, mais celle de tout le clan, et les vengeances sont unifiées sous un même toit (la ruche dans les alvéoles de laquelle sont conservés les restes des morts) ; et c'est une portion de l'âme de vengeance collective qui disparaît lorsque le nom de celui qui est désigné par le clan pour accomplir la vengeance est proclamé. Désormais, si cette thèse est exacte, celui qui est désigné par le clan pour le venger ne peut plus échapper à l'obligation de tuer.

Dans une société où la religion musulmane a supplanté l'ancien chamanisme, chez les Abkhazes du Caucase, décrits par Georges Charachidzé[101], cette tradition de la mort préalable n'est pas oubliée comme si elle était nécessaire pour éclairer les autres rituels.

« *Dès qu'un homme du clan a été tué, un vengeur est désigné : le fils, le père ou le frère du mort. Sinon, un parent en lignée paternelle : oncles, neveux, cousins, jusqu'au degré le plus éloigné. En fait, le choix du vengeur n'est qu'une formalité : son rôle consiste surtout à assumer tous les interdits qui incombent théoriquement à l'ensemble du clan. Jusqu'à l'accomplissement de la vengeance, le vengeur en titre est pratiquement exclu de toute activité sociale : il ne se livre à aucune transaction, n'apparaît dans aucune manifestation de la vie collective, ne s'occupe pas de l'exploitation du domaine ; il s'abstient de tout travail, il lui est interdit de se marier et même de pleurer le mort ou de porter son deuil. Il*

101 Georges Charachidzé, « Types de vendetta au Caucase », dans *La vengeance, op. cit.*, vol. 2, pp. 83-105.

est, en un mot, retranché de la société »[102].

Ici, le vengeur désigné doit continuer de mourir pour que vive la conscience de la vengeance, et ce jusqu'à ce qu'un membre du groupe ait réussi à traduire cette âme de vengeance dans les faits.

On peut encore citer les traditions des Bédouins de Jordanie :

« *Pour qu'il* (le vengeur) *ne fût pas tenté de se soustraire à ce devoir sacré, l'arabe antéislamique jurait solennellement de renoncer aux plaisirs profanes et aux jouissances de ce monde tant qu'il n'aurait pas accompli sa vengeance* »[103].

Le *défi* révèle à son tour qu'au principe de l'honneur il s'agit de subir avant que d'agir ou, plutôt, de subir pour pouvoir agir ; d'accepter une violence afin d'acquérir une âme de vengeance. Il faut aussi s'interdire d'annihiler l'adversaire puisqu'on doit pouvoir lui redemander l'offense initiale.

Que la réciprocité de vengeance exige de subir avant que d'agir, d'accepter un meurtre pour pouvoir être à même de tuer et inaugurer un cycle de vengeance créateur de sens, est explicite dans le code de la vengeance des Géorgiens montagnards, que Georges Charachidzé considère comme les détenteurs des sources et des traditions du Caucase :

« *Chez les Géorgiens, seul le contre-meurtre enclenchant la vendetta est tenu pour licite : on n'a le droit de tuer que si le partenaire a déjà tué. Mais le premier meurtre lui-même est toujours considéré comme "accidentel", quelles qu'en soient les circonstances* »[104].

Autrement dit, parce qu'il ne sanctionne pas une mort préalable et ne concrétise pas une âme de vengeance dûment acquise par cette mort, le premier meurtre est sans valeur. On ne saurait mieux dire que l'imaginaire de la vengeance est celui

102 *Ibid.*, p. 86.

103 Chelhod, *op. cit.*, vol. 1, p. 130.

104 Charachidzé, *op. cit.*, vol. 2, p. 94.

de la mort *subie* plutôt que celui de la mort *donnée*. Mais, pour le vengeur qui survit, rien n'empêche de compter ces morts subies (par les siens) en vengeances accomplies, car c'est de matérialiser sa conscience de vengeance dans un acte qui autorise la reproduction du cycle ; et par conséquent la croissance de l'être du guerrier.

Il nous faut toutefois comprendre comment s'engendrent les consciences motrices des actes humains ; et pourquoi cette genèse est inaperçue de ses auteurs.

Le Tiers médiateur

Dès qu'il se substitue à celui de *réciprocité*, le terme d'*échange* grève la recherche : les prestations dotales ou les promesses-de-subir-à-son-tour-un-meurtre, les gages, deviennent *compensations* et *compositions,* auxquelles on prête facilement le sens d'équivalents d'échange. Et pour mettre d'accord les parties prenantes, on ferait appel à un *médiateur* capable d'assortir les intérêts des uns aux intérêts des autres. Le terme de *médiation* suggère aussitôt le souci d'équilibrer les meurtres par de justes réparations, les femmes par des compensations. Mais le *médiateur* n'aurait-il pas une autre signification ?

Claude Breteau et Nello Zagnoli montrent, en Calabre, que plus le système se ritualise et plus son rôle prend du relief[105] . En offrant la possibilité d'une “compensation”, le médiateur arrête provisoirement l'enchaînement de la violence. Ou encore, il restaure l'équilibre entre les vengeances en

105 Breteau & Zagnoli, *op. cit.*, vol. 1, pp. 43-73.

rappelant le souvenir d'un meurtre ancien. Il suspend là aussi l'enchaînement immédiat de la vengeance. Le médiateur ne serait-il pas le garant de la pérennité et de l'autonomie d'un Tiers entre les partenaires, ce à quoi est en réalité ordonné l'équilibre de la vengeance ; Tiers qui est lien pour l'ensemble de la société, et qui ne peut être privatisé par l'un ou l'autre des protagonistes ?

Le médiateur n'est plus un intermédiaire entre deux parties chargé de réconcilier des adversaires, mais l'incarnation d'un être social supérieur auquel les partenaires prétendent accéder. Cet être social, nous lui donnons le nom de Tiers (avec une majuscule) pour le distinguer de l'intermédiaire, du médiateur lui-même qui est appelé à lui donner la parole et que nous appelons tiers (avec donc une minuscule). Le Tiers est irréductible à l'identité originaire des protagonistes de la réciprocité, il s'accroît en effet de la relativisation voire de l'annulation de leur imaginaire particulier :

« *Cette médiation a pour but d'affirmer l'honorabilité des parties, ainsi que du tiers médiateur, et en définitive de l'ensemble des acteurs de la communauté* »[106].

Claude Breteau et Nello Zagnoli distinguent alors des relations dyadiques et des relations triadiques. Que signifie cette distinction ?

Le tiers médiateur n'est pas seulement médiateur. Le mot tiers recouvre autre chose que de bons offices, il témoigne d'une nouvelle structure et signifie une valeur propre au médiateur, la *responsabilité* d'un sentiment de *justice* transcendant tout imaginaire particulier. La parole du tiers ne se développe pas sans porter atteinte à la parole de chaque partenaire. La parole symbolique est l'énoncé d'une *vérité* qui ne fait pas droit à l'un ou à l'autre, mais à une compréhension de l'un et de

---

106 *Ibid.*, p. 51.

l'autre qui rend parfois nécessaire que chacun renonce à son propre imaginaire. Le tiers est l'incarnation du Tiers.

Le Tiers comme fruit de la réciprocité est virtuellement *entre* les groupes mais, par le médiateur, il est extériorisé par rapport à chacun. Il acquiert une relative autonomie. Le symbolique tend à se libérer de ses représentations immédiates. Ce n'est pas le médiateur qui est au service de ceux qui l'interpellent, mais ces derniers qui sont au service de sa parole.

Chez les Beti du Cameroun, Philippe Laburthe-Tolra précise :

« *À l'intérieur de chaque "mvog" constituant un segment lignager fonctionnel, on s'accorde, dans les conflits internes, pour conférer cette autorité à l'un des notables du groupe réputé pour sa sagesse, qui prendra alors le nom de "ntsig-ntol", "l'aîné trancheur (de palabre)" et qui est souvent le même que le "ndzo" ou orateur du mvog. Entre groupes indépendants, on recourra à un tiers considéré comme impartial par les adversaires, généralement le "ntsig-ntol" neutre le plus célèbre et le plus puissant du voisinage* »[107].

Chez les Nyamwezi-Sukuma de Tanzanie, Serge Tcherkezoff repère six types de vengeance. Le type 1 (A tue chez B, B tue alors chez A) répond au principe d'opposition ; le type 6 répond au principe d'union :

« *Une menace ou une simple intimidation, armes à la main, dans l'enceinte de la cour royale (...) entraînaient irrémédiablement pour le coupable la mort immédiate, devant le roi, et, souvent, la confiscation des biens de la famille du coupable, au profit du roi. Dans tous ces cas il y a crime contre la communauté tout entière* »[108].

Mais les autres types de vengeance relèvent de la prééminence du Tiers. Certes, c'est le roi qui est interpellé par l'une ou l'autre des parties, ou les deux, à venir siéger comme médiateur, mais en qualité de tiers et non plus en qualité de

107 Laburthe-Tolra, *op. cit.*, vol. 1, p. 162.
108 Tcherkezoff, *op. cit.*, vol. 2, p. 47.

principe d'union de la communauté. Il existe donc un temps-espace propre à ce Tiers qui naît aux dépens de l'espace et du temps des formes primitives de la réciprocité, et qui est incarné par le tiers.

Dans un système centralisé par la *Parole d'union*, le médiateur est nécessairement le roi, seul intermédiaire entre tous. La relativisation de l'imaginaire par le Tiers en train de se construire va concerner à la fois la réciprocité positive et la réciprocité négative : ni meurtre ni mariage, mais un serment de fidélité... à des valeurs suprêmes.

« *Le coup mortel, en réponse à un premier meurtre, est "notre façon de pleurer", disent les hommes de la société Nyamwezi-Sukuma. Et, pourtant, cette manière honorable de faire son deuil, cette vengeance, est rare, car la valeur qui la sous-tend est subordonnée à une Loi supérieure. Celle-ci fait de tout meurtre, même vengeur, une rupture d'interdit et exige que la réponse, quand un premier meurtre est malgré tout commis, soit le paiement d'un "prix du sang" (njigu), sous une forme qui réaffirme le respect des valeurs suprêmes* »[109].

Tous ces auteurs accordent la primauté à la valeur "royale", mais c'est peut-être au-delà de la royauté qu'il faut en appeler car le roi ici est davantage que *principe d'union*, il est le *médiateur.*

Le médiateur apparaît selon plusieurs modalités. Dans les systèmes segmentés, chacun peut devenir intermédiaire pour deux autres dès le moment où la *structure de réciprocité* binaire devient ternaire, circulaire ou réticulée[110].

---

109 *Ibid.*, p. 41.

110 Les relations de réciprocité s'organisent en différentes *structures élémentaires* définies selon le nombre, la position et le statut des partenaires. On distinguera les *structures binaires* qui mettent en face-à-face deux partenaires (on y dissocie le *face-à-face singulier* et le *face-à-face collectif*) et les *structures ternaires* qui mettent en relation un nombre indéterminé de partenaires mais dont trois suffisent pour en révéler

Dans les systèmes centralisés, un seul terme – le centre – est l'intermédiaire commun entre tous les autres. Dès lors, le porte-parole de la communauté n'est pas seulement celui qui exprime la volonté de la totalité, il est aussi juge entre les uns et les autres. Il acquiert un nouveau statut. Il n'est pas seulement le mandataire ou le garant, il devient le principe d'ordre à l'intérieur de la communauté elle-même.

Le médiateur peut être aussi quelqu'un d'à part, choisi par les deux partenaires pour incarner directement le Tiers – l'être de leur relation – sans pour autant participer de sa structure génératrice. Il prêtera de l'extérieur ses services. On pourra parler de *triade*, l'intermédiaire n'étant pas un élément de la structure fondamentale. Mais pour exercer ce rôle, il faudra qu'il en ait reçu la compétence de sa position de tiers dans l'un ou l'autre *système de réciprocité*[111]. Les deux principes d'union et d'opposition, à la base de la réciprocité des systèmes segmenté et centralisé, sont en effet fréquemment associés et chacun peut même être articulé sur l'autre au profit d'un équilibre particulièrement efficace ou dynamique : le tiers de l'un peut se proposer comme tiers pour l'autre.

---

les principes (on y dissocie la relation ternaire *simple*, la réciprocité ternaire *généralisée* (le *marché*) et la réciprocité ternaire *centralisée* (la redistribution).

111 *Système de réciprocité* : les structures élémentaires de réciprocité (binaires et ternaires) peuvent s'associer. Par exemple, la structure ternaire simple et la structure binaire sont associées dans la *structure ternaire bilatérale*. La structure ternaire centralisée et la structure ternaire unilatérale ne peuvent s'actualiser en même temps sur un même terrain d'application, mais elles peuvent être *articulées* entre elles pour former des *structures semi-complexes ou complexes de réciprocité,* par exemple, le *système hélicoïdal* ou le *système spirale*. Cf. Dominique Temple, « Essai d'interprétation de la valeur chez les Aymara » (2004). Lire aussi de Jacqueline Michaux, « Territorialidades andinas de reciprocidad : La comunidad », *INAUCO* n° 35, Madrid, 2000.

Compensation et composition prennent donc un nouveau sens. Elles ne représentent plus la valeur des groupes, telle qu'ils se la représentent, elles ne sont plus le reflet de leurs intérêts qu'une personne neutre serait amenée à égaliser, mais une valeur qui se développe pour elle-même entre les groupes et qui renvoie non plus à l'idée que chacun se fait de son être mais à l'être en train de naître sous la forme du sentiment de la justice.

Pour Serge Tcherkezoff, cependant, les valeurs supérieures auxquelles est ordonnée la théorie de la vengeance sont exprimées par le principe d'union. Tcherkezoff décrit en effet un plan "vertical" pour le principe d'union et un plan "horizontal" pour le principe d'opposition, et constate que chez les Nyamwezi-Sukuma de Tanzanie, le plan vertical domine le plan horizontal : « *la conséquence d'un meurtre sera ainsi déterminée par la "valeur royale" ; valeur supérieure, englobante...* »[112] d'un intermédiaire unique entre tous les participants de la réciprocité.

Raymond Verdier pense, de son côté, que le processus de ritualisation de la vengeance dans un système de réciprocité horizontale fait apparaître la *règle* de réciprocité. Dans les deux cas, l'intermédiaire serait le médiateur qui pourrait ouvrir la voie à la réciprocité positive et à la réconciliation. Il assurerait la transition entre deux imaginaires différents.

Comment cela ?

« *En tant qu'il est symboliquement un don de vie, le "prix du sang" tend à substituer à une relation d'adversité nouée dans la mort une relation d'alliance ouvrant sur la vie ; dès lors, le rituel de réconciliation qui vise à réunir pour la vie ceux qu'il avait opposés dans la mort, recourt au sacrifice pour échanger la vie contre la mort* »[113].

---

112 Tcherkezoff, *op. cit.*, vol. 2, p. 41.

113 Verdier, *op. cit.*, vol. 1, p. 29.

Nous retrouvons dans cette interprétation donc la référence de l'échange pour rendre compte du passage de la réciprocité négative à la réciprocité positive. Leurs valeurs pourraient "s'échanger".

En sens inverse, Claude Breteau et Nello Zagnoli font apparaître la *valeur* indépendamment de l'imaginaire dans lequel elle s'exprime. Les sociétés méditerranéennes, qu'ils étudient en Calabre et dans le Constantinois, sont formées de communautés équilibrées entre elles car celui qui défie s'assure qu'il peut lui-même soutenir son défi, et que celui qu'il défie peut accepter le risque de la vengeance. L'égalité est la condition de l'acceptation du risque par les deux parties. Cette égalité, les auteurs l'appellent le "capital fixe". Ils nomment "capital variable" la part d'honneur susceptible d'augmenter ou de diminuer par la vengeance. Pour augmenter le capital, il faut donc provoquer l'adversaire pour qu'il devienne un agresseur et qu'il légitime la vengeance :

« … *faire subir un affront au groupe adverse consiste surtout à exposer sa propre vie, comme si l'on mettait l'autre au défi de la prendre* ».

D'où une intéressante analogie :

« *On retrouve dans ce trait une dimension ludique impliquant que la vie soit vécue comme risque et "consumation"* »[114].

On pourrait comparer ce défi à celui qui accompagne le *potlatch*. Dans le *potlatch*, chacun est obligé de donner, recevoir et rendre comme si le don était un pari. Le *jeu* servirait-il d'intermédiaire entre la réciprocité négative et la réciprocité positive ?

Il faut cependant noter une différence : dans le cycle du don, l'être social sera capitalisé dans l'imaginaire du donateur à l'initiative du cycle. La formule "*plus je donne, plus je suis grand*", implique que *Je suis* est identifié à *grand*. L'esprit de vengeance

114 Breteau & Zagnoli, *op. cit.*, vol. 1, p. 50.

appartient au contraire à celui qui subit, de sorte que pour posséder cet esprit-là, source de l'honneur, il faut que l'on provoque le premier coup de l'adversaire, et donc qu'on le défie. Le *pouvoir-tuer*, première représentation de l'honneur, appartient à la victime.

Celui qui ouvre le cycle, qui provoque et frappe le premier, entend néanmoins demeurer maître du cycle, et pour cela frapper le dernier. Or, celui-là perd son *âme de vengeance,* alors qu'il veut garder à son profit ce qui résulte de la réciprocité proprement dite. Si la victime dispose de l'imaginaire où la vengeance est reine, c'est l'agresseur qui prétend capitaliser l'être social né de la réciprocité de vengeance. Il lui faudra donc s'emparer de l'imaginaire de la victime.

Cet art exige un statut particulier : celui des chamans ou sorciers et leurs pouvoirs magiques ! On voit donc ici apparaître la possibilité de dissocier ce qui appartient à la réciprocité, de ce qui appartient à sa représentation. Le surnaturel est sinon indépendant de l'imaginaire du moins distinct de lui. Il est à l'imaginaire ce qu'est l'amande à la coquille. Seule la réciprocité négative autorise cette distinction. C'est sans doute une bonne raison pour laquelle les rites de la réciprocité positive ne cessent de rappeler la réciprocité négative comme s'ils n'avaient de réelle pertinence qu'associés à la mémoire de celle-ci.

Chez les Beti du Cameroun, l'initiation des jeunes commence par une épreuve de mort assimilée à un sacrifice demandé par quelqu'un qui doit payer un crime contre les siens.

« *Il semble bien que, là encore, la souffrance soit offerte comme une compensation à la vengeance des défunts gardiens de l'ordre* », commente

Philippe Laburthe-Tolra[115].

Mais une telle initiation est obligatoire même si aucune offense ne la justifie : « *Même si la sœur ne commet pas de "nsem"* (faute majeure) *est-ce que le frère ne doit pas subir le "So"* (rite expiatoire) *?* ».

La souffrance n'est donc pas seulement expiatoire pour le compte du criminel. Elle a une motivation plus profonde. Le rituel du *So,* « *… étant un lieu où sont abolies toutes querelles et où les ennemis mêmes se rencontrent pacifiquement* »[116], est une porte d'entrée dans l'intelligence de la réciprocité et donc dans la communauté. Le fait qu'il commence par une épreuve de mort – « *La douleur qu'ils subissent est conçue comme une mort figurée* » – suggère que l'initiation exige une expérience de la réciprocité négative pour atteindre le surnaturel pur, une descente aux enfers, afin que les initiés ne puissent ensuite confondre les jouissances surnaturelles avec les jouissances terrestres lorsqu'ils bénéficieront du lien social dans un système dominé par la réciprocité positive.

Ainsi l'affrontement des deux imaginaires de la violence et du don conduisent à une nouvelle perspective. Le prestige et l'honneur peuvent se relativiser au profit du lien social créé par la relation de réciprocité elle-même si elle les confronte.

---

115 Laburthe-Tolra, *op. cit.*, vol. 1, p. 165.
116 *Ibid*, p. 164.

L'ÉMERGENCE DU TIERS

DANS LA RÉCIPROCITÉ NÉGATIVE

Selon Raymond Verdier, une identité de groupe s'affirme puis se fait reconnaître par la vengeance à la moindre agression extérieure. Partant de l'identité du groupe, Raymond Verdier ramène à une série de déductions les divers phénomènes observés : pour protéger l'*aura* de son propre groupe, la reconnaissance du groupe adverse commence dès que ce dernier empiète sur son territoire.

L'échange de violences prélude à la définition d'autrui comme autre soi-même. La réciprocité des offenses stabilise les deux forces en présence, qui cessant de s'ignorer apprennent à se respecter. Le cadre de la réciprocité, tracé par l'échange des violences, peut donc servir à l'échange de bons procédés. La ritualisation des offenses serait le moyen terme qui permettrait le passage de l'un à l'autre.

Raymond Verdier imagine une progression linéaire de la réciprocité négative à la réciprocité positive comme si l'imaginaire de la seconde l'emportait naturellement sur celui de la première. Verdier considère que la solidarité interne est la force dynamique de la société, et que la violence est le mal. Cette évolution polarisée par l'imaginaire de la paix enchaîne les catégories suivantes : distance sociale, reconnaissance vindicatoire, ritualisation de la vengeance, réciprocité d'alliance[117].

---

117 « *Cette reconnaissance du groupe adverse dans la relation vindicatoire est à la base de la ritualisation de la vengeance (…) et tend (…) à lier les partenaires dans un schème de réciprocité qui ouvre la voie à la réconciliation et à la paix. Certaines sociétés ont poussé à ce point le processus de ritualisation qu'elles ont*

Mais le moyen terme, la ritualisation des offenses, ne signifierait-il pas plutôt l'émergence d'une troisième force, d'un Tiers de référence qui, parce qu'échappant aux imaginaires de la violence et du don, se révèlerait purement spirituel ?

Nous partons de l'hypothèse suivante : la coexistence de principes concurrents – réciprocité d'alliance et réciprocité de vengeance – serait nécessaire pour que de leur équilibre naisse une valeur d'être supérieure. Au commencement, ni bien ni mal mais une situation que nous avons dite *contradictoire*, obtenue par réciprocité de l'action et de la passion qui fait émerger le *sens* de toutes choses. Cette réciprocité d'origine est créatrice d'un sentiment commun que nous avons appelé *l'humanité*. Un tel sentiment s'exprime immédiatement par des signifiants qui sont eux par nature non-contradictoires. Le *sens* doit donc passer sous le joug d'un imaginaire donné : violence ou offrande...

Nous avons souligné que l'équilibre du contradictoire peut s'accroître dès lors qu'il est polarisé par la domination de l'un des contraires sur l'autre – la vie (le don, l'alliance) ou la mort (le rapt, le meurtre). Cette polarité imprime sa dynamique au cycle mais imprime aussi sa marque sur la valeur que nous avons appelée la *valeur d'être*, de sorte que celle-ci se présente sous le masque du prestige ou de l'honneur.

L'équilibre est néanmoins sans cesse renouvelé. C'est pourquoi la reproduction du don prend aussi l'aspect d'un combat. Mauss parlait, à propos du potlatch, de dons agonistiques. L'*agôn* équilibre alors le don. En sens inverse, la mort et le meurtre, dans la réciprocité de vengeance, impliquent la vie en donnant au rituel des vengeances la forme

---

éliminé du système de la vendetta toute compensation violente en ne retenant que le principe de la composition : l'offense est alors un délit entraînant le "prix du sang" et excluant toute violence (cf. l'exemple des Géorgiens des plaines dans la communication de G. Charachidzé). » Verdier, *op. cit.*, vol. 1, p. 25.

d'un jeu ou d'une fête ou encore par l'adoption du prisonnier comme fils (chez les Aztèques, par exemple) ou, même, en lui donnant femme ou encore en l'honorant, comme chez les Tupinamba du Brésil. Le meurtre est alors réservé à ceux-là seuls que l'on reconnaît comme autres soi-même ou encore de son rang.

Mais ce que nous voulons envisager ici est une autre voie : l'équilibre du contradictoire entre vie et mort ne se laisse pas entraîner dans la dialectique de la vengeance ou du don mais tente de s'y soustraire. Il y aurait d'une manière ou d'une autre rééquilibre entre la réciprocité positive et la réciprocité négative, et la relativisation de leurs imaginaires respectifs libèrerait un sentiment plus spirituel qui deviendrait le *surnaturel.*

Il nous faut donc approfondir ce en quoi consiste la *ritualisation de la vengeance.*

Raymond Verdier distingue quatre modalités. La première modalité intervient avec le catalogue des offenses qui déclenchent ou ne déclenchent pas de réaction vindicatoire :

« *Ainsi, chez les Maenge (cf. M. Panoff) les vengeurs potentiels du meurtre, présumé commis par les membres d'un groupe non ennemi, commencent par rechercher s'il ne répond pas à une violence commise antérieurement par la victime ; dans l'affirmative, la vengeance n'a pas lieu* »[118].

Sans doute parce que la violence a déjà reçu du sens de sa participation à un équilibre de réciprocité.

La ritualisation commence avec la nomination de ce qui entre et ce qui n'entre pas dans la structure de réciprocité. La ritualisation est reconnaissance de ce qui a du sens ou de ce qui n'en a pas, et auquel il faut en donner en le re-situant dans le cadre de la réciprocité.

118 *Ibid*, p. 26.

Une deuxième modalité serait la circonscription du temps et de l'espace de la vengeance :

« *Chez les Moundang (cf. A. Adler), lorsqu'un meurtre est commis, le clan de la victime dispose de deux jours pour tuer le meurtrier ou l'un de ses frères ; passé ce délai, on doit recourir à la divination pour désigner l'homme du clan du meurtrier qui sera la victime expiatoire ; si le contre-meurtre n'a pas lieu dans les deux jours suivants, l'affaire doit être conclue par un sacrifice rituel et le versement de la composition* »[119].

Dès le deuxième jour, la vengeance est donc maîtrisée par un tiers qui recourt à la divination. Il respecte le principe vindicatoire mais pour deux jours seulement, et déjà la question du sens de la vengeance est posée d'une manière différente : la réciprocité de vengeance est interprétée grâce au sens que peut lui donner le devin. Celui-ci procède presque immédiatement à la neutralisation de la vengeance par le sacrifice et la composition. Il instaure une réciprocité négative, certes, mais en sens inverse de la précédente puisque la communauté s'identifie au meurtrier par le sacrifice et non pas à la victime, et la réciprocité de vengeance est tout entière suspendue puisqu'elle se redouble aussitôt de la composition.

Manifestement cette solution fait émerger l'autorité d'un tiers en lieu et place de celle des personnages impliqués dans la relation vindicatoire. Or, ce tiers procède sinon à l'équilibre des imaginaires de la vengeance et de l'alliance, du moins à la relativisation de l'imaginaire de la vengeance.

Chez les Géorgiens montagnards, la quête du meurtrier est beaucoup plus longue. Elle peut durer trois ans, mais au bout du compte, la composition devient inévitable et les Anciens interviennent pour assurer la conciliation. Le tiers n'est pas constitué en une personne que l'on puisse nommer interprète ou oracle, maître des valeurs surnaturelles. C'est le

119 *Ibid.*

conseil des Anciens qui assume le rôle de prêtre, sans pour autant apparaître comme un tiers qui disposerait d'un savoir ou d'un code de référence puisque tout est "à deviner". Or, pendant la durée où la vengeance est opératoire, les Géorgiens procèdent à des rites sacrificiels et à des tentatives de compensations destinées à redoubler et sans doute relativiser la vengeance[120]. Cette coexistence de pratiques inverses permet de neutraliser progressivement l'imaginaire de la vengeance autorisant la présence immanente d'une référence nouvelle encore à inventer.

Une troisième modalité serait celle de conduites substitutives à la violence ouvrant la voie à la conciliation. Cette solution implique souvent, comme le souligne Verdier, le rôle des femmes. La réciprocité négative est toujours associée à la réciprocité positive mais souvent avec un partage des rôles qui donne aux femmes la responsabilité de celle-ci.

Dans la plupart des sociétés amazoniennes, la femme se charge de l'agriculture et de la poterie : vivres et boissons sont offerts pour construire la réciprocité positive. Les hommes ont un idéal guerrier. La femme a dans ce cas la possibilité de neutraliser la vengeance, mais son rôle ne serait qu'aléatoire si le principe même de la réciprocité n'imposait à la communauté d'équilibrer la réciprocité positive par la réciprocité négative, et vice-versa.

---

120 « *Ainsi, chez les Géorgiens de la montagne, dès le premier jour de la vendetta et parallèlement à la chasse au meurtrier, le clan du meurtrier doit accomplir certaines démarches rituelles ; il est frappé de certains interdits (…), il doit faire des offrandes aux parents du mort et sacrifier des animaux au sanctuaire local pour le bénéfice de la collectivité tout entière. Tous ces rites sont de rigueur et précèdent, sans la rendre obligatoire, la conciliation qui ne pourra avoir lieu qu'au bout d'une année entière après le meurtre.* » Verdier, *op. cit.*, vol. 1, p. 27.

Dans la thèse de Raymond Verdier, cet équilibre n'est pas considéré comme un principe. Pourtant, même chez des peuples qui semblent engagés dans une voie de vengeance exclusive, on reconnaît la recherche de cet équilibre :

« *Ainsi, chez les Maengue (cf. M. Panoff), si un combat avait lieu à l'intérieur du village, à propos d'un meurtre, entre le camp de ceux qui vengent le mort et ceux qui épousent la cause du meurtrier, il devait cesser si une femme respectée s'interposait et versait de l'eau sur un brandon enflammé en prononçant des paroles sacramentelles de réconciliation. (…)*

Chez les Kabiyè, si une querelle éclatait à l'intérieur de la Cité, les adversaires devaient déposer les armes, si une vieille femme répandait une traînée de cendre sur le sol. (…)

Dans le Constantinois (cf. Breteau), toute femme avait la capacité de protéger l'homme poursuivi ; celui-ci se réfugiait dans son giron et exprimait par sa posture le rapport mère-enfant. Signalons encore l'importance de la relation de lait chez les Ossètes qui impliquait l'interdiction de se marier et de se tuer ; en cas de conflit entre deux groupes, s'il arrivait qu'un homme s'introduise la nuit dans le village adverse et suce de force le sein d'une femme, le combat devait cesser sur le champ (cf. A. Itéanu) »[121].

Chez les Ossètes, où la vie ne semble dépendre que d'une finalité, la vengeance, l'égalité des deux systèmes de réciprocité positive et réciprocité négative est néanmoins affirmée avec clarté par les intéressés eux-mêmes :

« *Le lait va aussi loin que le sang* »,

ou encore : « *L'homme est le maître du sacrifice et du sang, la femme est la maîtresse du sacrifice et du lait* »[122].

Aucune hésitation sur le sens du lait et du sang :

« *S'il te faut nourriture et boisson, nous t'enverrons la mère, si c'est le combat qu'il te faut, nous t'enverrons le père* ».

---

121 *Ibid.*, p. 27.

122 Itéanu, *op. cit.*, vol. 2, p. 69.

Cette équivalence directe nous paraît due à ce que la réciprocité positive et la réciprocité négative ne dérogent pas au *principe du contradictoire*. Elles s'équilibrent entre elles et donnent naissance à de nouvelles situations contradictoires. Le sentiment qui naît d'une telle ambivalence peut être celui du *surnaturel*.

Chez les Ossètes, à l'intérieur du clan, André Itéanu qualifie la relation du père au fils de hiérarchique et autoritaire. Il remarque que la relation médiatisée par les femmes est au contraire pacifique et égalitaire :

« *Ces deux types de relations*, dit-il, *structurent la société Ossète et fondent la circulation des êtres et des choses* ».

Mais il ajoute : « *Deux autres relations médiatisent le rapport entre ces deux types extrêmes : les césures de la violence, dont l'exemple type est la composition pour meurtre et le "mari de l'intérieur". (...) Le "mari de l'intérieur" (...) est le résultat d'un mariage avec résidence uxorilocale pour le couple et les enfants. Il s'agit en fait d'une captation opérée par les donneurs de femmes qui a pour conséquence, au bout d'un certain temps, de rompre tous les liens entre le groupe preneur et le groupe donneur de femmes. Cette captation est perçue comme un acte violent. Cette relation est donc égalitaire, violente, éphémère* »[123].

Et de conclure : « *Entre la relation père-fils et celle médiatisée par la femme, il existe donc deux autres relations. Les césures rendent possible la transformation d'une relation violente père-fils en une relation pacifique du type "médiatisé par les femmes", mais elles ne peuvent y parvenir que provisoirement. Le "mari de l'intérieur" permet le passage d'une relation pacifique à une relation violente, mais avec pour conséquence certaine la rupture de la relation* ».

Cette systématisation fait apparaître des solutions intermédiaires qui allient violence et paix de façon fragile et éphémère, deux caractères qui peuvent signifier la présence de

123 *Ibid.*, p. 80.

quelque chose d'apparemment sans consistance, irréel, ce dont il est justement question dans le sentiment du surnaturel.

Elle montre aussi la réversibilité des deux voies d'accès à ce moment éphémère, soit par la relativisation de la *réciprocité de lait*, soit par la relativisation de la *réciprocité de sang*. Il n'y a pas ici continuité de passage de la violence à la paix par des étapes successives, mais deux renversements à partir de situations radicalement opposées et qui tendent tous deux vers un troisième terme.

André Itéanu montre cependant que ces équilibres sont hiérarchisés :

« *Les relations père-fils et celles médiatisées par les femmes sont dans un rapport hiérarchique, l'une par rapport à l'autre ; le père est la figure englobante ; les relations médiatisées par les femmes se jouent toujours au niveau englobé du fils ; la relation de lait se créée en position de fils par la succion du sein et le mariage est placé sous l'autorité du père. De plus, la relation égalitaire du mariage s'exprime à l'aide des symboles de la relation hiérarchique et affirme ainsi que l'alliance n'a de sens qu'en fonction des relations de violence* »[124].

Ces observations indiquent donc qu'une société peut aussi interpréter l'alliance elle-même en termes de violence. La logique, suggérée par Verdier, qui supposerait le passage de la violence à la paix, souffre pour le moins des exceptions ![125]

---

124 *Ibid.*, p. 81.

125 On peut en déduire une conclusion générale : où la réciprocité positive s'avère inefficace, la réciprocité négative apparaîtra comme recours car il vaut encore mieux accepter l'imaginaire de la violence plutôt que de n'être rien. Lorsque l'on refuse la réciprocité positive à un peuple, le fait qu'il préfère au prix de la souffrance se réfugier dans la réciprocité négative, la guérilla ou le "terrorisme", signifie que la réciprocité négative offre une qualité d'être supérieure à celle qu'offre la paix sans participation à la réciprocité positive, la paix des esclaves. Les hommes ne vivent pas pour la paix mais pour *être*, et cela à n'importe quel prix. D'autres exemples confirment qu'il

Comme chez les Jivaros, chez les Ossètes il est possible de montrer que la dialectique dominante est celle de la vengeance. Raymond Verdier voyait dans la défense de l'identité pacifique du groupe la justification de la violence. En fait, ce qui est promu ici, c'est bien l'imaginaire de la violence.

André Itéanu reconnaît cette suprématie de la dialectique de la vengeance en même temps que la contrainte qui lui est imposée par le principe d'union :

« *Le mariage est ainsi englobé dans la figure totalisante du père. Mais c'est uniquement au cours du mariage et de son rituel que la figure du père est tournée en dérision par le renversement de la relation violente entre le père et le fils. En englobant le mariage, la figure du père englobe sa propre négation. La valeur suprême entretient une relation d'opposition complémentaire à ce qui est son propre renversement. C'est de cette relation hiérarchique et pourtant dérisoire d'une valeur à sa négation que se construit dans le temps la société Ossète* »[126].

Enfin, une autre procédure de médiation consiste, dit Raymond Verdier :

« … *à faire appel à un tiers conciliateur, homme réputé pour sa sagesse, connaisseur en matière coutumière ou notable puissant ; le groupe offensé, parfois le groupe offenseur, et parfois les deux parties adverses peuvent solliciter sa médiation. (…)*

Chez les Nuer, le chef à peau de léopard n'exerce aucune fonction politique, judiciaire ou administrative, mais en cas d'homicide il joue le rôle de médiateur entre les deux lignages concernés »[127].

---

existe bien deux solutions au problème posé par la vengeance : ou bien la promesse d'une future vengeance, un droit de vengeance, ou bien la transposition de la réciprocité négative en réciprocité positive.

126 Itéanu, *op. cit.*, vol. 2, p. 81.

127 Verdier, *op. cit.*, vol. 1, pp. 27-28. Au sujet des Nuer, étudiés par E. E. Evans-Pritchard, lire de Dominique Temple, *Le contradictoire, principe structural des Nuer*, Collection *réciprocité*, n° 9, (2006).

Si l'on voit dans la vengeance une forme de l'échange, la composition serait une sorte de raccourci de l'évolution de la réciprocité négative à la réciprocité positive. La séquence "hostilité-vengeance-réciprocité-alliance" serait contractée en la relation "hostilité-alliance", et la composition serait opposée au meurtre :

« *Le fait d'une part qu'elle* (la composition) *reste souvent facultative et que dans de nombreuses sociétés elle ne supprime pas la possibilité de recourir au contre-meurtre, le fait d'autre part qu'elle est souvent considérée comme une simple césure dans l'exercice de la vengeance, montrent à l'évidence qu'elle a sa place au sein même du système vindicatoire* », reconnaît Verdier[128].

Mais la composition est néanmoins interprétée comme l'anticipation de la réciprocité positive qui serait déjà programmée dans la réciprocité négative. Cela suppose qu'il soit possible de remplacer le symbole d'une vie du groupe ennemi par le symbole d'une vie du capital-vie dont on est propriétaire. Est-ce seulement possible ?

Cette hypothèse est vivement contestée par Florestan Fernándes[129]. Dans sa monographie sur les Tupinamba, il montre que le capital-vie d'un groupe qui se représente par le sang est tributaire de l'identité du groupe et ne peut en aucun cas être transféré au groupe ennemi, et réciproquement le sang ennemi ne peut être accepté comme compensation du sien. Il n'est possible pour un groupe que de reconquérir son propre sang lorsque l'ennemi l'a retranché. Mais il n'est pas possible de contaminer un sang par l'autre.

Raymond Verdier constatait, d'ailleurs, que les morts non vengés, dans maintes sociétés, sont condamnés à l'errance. Ils ne sont donc pas récupérés par l'ennemi.

---

128 Verdier, *op. cit.*, vol. 1, p. 28.

129 Fernándes, *A função social da guerra na sociedade Tupinambá*, *op. cit.*

Si l'être né de la réciprocité négative se représente dans l'identité du clan, il n'est pas possible d'échanger une vie de son clan par une vie d'un clan étranger. La composition est donc non pas l'échange d'une vie, de son capital, contre une vie du capital d'autrui, mais plus probablement un gage par lequel le meurtrier convient que l'autre a droit à un meurtre. La composition est symbolique mais en rapport avec le meurtre ou l'offense et ne lui substitue pas un autre symbole, celui d'un autre capital-vie. Il n'y a pas d'échange entre une part d'un capital-vie et une part d'un autre capital-vie. La composition n'est pas un troc de valeurs symboliques.

Comme le symbole d'un meurtre est souvent le même que celui d'une relation d'alliance, il faut néanmoins rendre compte de cette similitude. S'agirait-il donc d'une forme d'équivalence de la réciprocité négative et de la réciprocité positive ?

V

Imaginaire et symbolique

« *L'hypothèse, émise au siècle dernier, que la composition serait liée au développement de la propriété et de la monnaie et constituerait une étape de l'évolution conduisant de la vengeance à la peine, ne peut être retenue, non seulement parce que vengeance et peine coexistent, comme nous l'avons vu, mais encore parce que la composition ne peut être assimilée au prix d'achat d'un crime et à la rançon de la vie d'un criminel. En effet la composition joue au plan vindicatoire un rôle comparable à celui des prestations dotales dans l'échange matrimonial ; dans l'un et l'autre cas, il s'agit, non pas d'acheter une vie mais de donner des biens, qui symbolisent la vie, en échange d'une autre vie* »[130].

Raymond Verdier plaide pour un échange symbolique !

Ouvrons une parenthèse sur cette distinction entre l'échange économique et l'échange symbolique. Si Raymond Verdier récuse l'échange économique entre victime et meurtrier, tout comme Mauss le récusait entre donateur et donataire, l'échange économique ne revient-il pas néanmoins se glisser sous l'échange symbolique entre le “prix du sang” et le “prix de la fiancée” ?

---

130 Verdier, *op. cit.,* vol. 1, p. 28.

« *En tant qu'elle ne se réduit pas à une compensation matérielle, mais qu'elle est avant tout un don de vie, on comprend que la composition puisse être acquittée par un don de femme (ex. des Maengue) ou que la femme puisse faire partie des biens précieux qui sont remis à la famille de la victime (ex. des Beti)* »[131].

Si l'on imagine que la femme est ensuite remplacée par les biens qui la représentent dans la relation matrimoniale – la prestation dotale – et que ces biens deviennent les symboles du capital-vie détruit par le meurtre, la vengeance et le mariage pourraient s'échanger par des objets symboliques. Mais à partir d'une telle réduction, qui est celle de l'être à l'avoir et de la réciprocité à l'échange, l'échange entre deux symboles ne conduit-il pas à l'échange monétaire ? À partir de l'équivalence entre la prestation dotale et la composition, n'est-il pas logique d'en arriver à l'échange économique ? Entre représentations différentes mais égales de la valeur-vie, ne peut-on pas procéder à des échanges ; et d'équivalent en équivalent ne pourrait-on échanger une vache avec de l'or ? La distinction de l'échange symbolique et de l'échange économique devient, semble-t-il, très relative.

Raymond Verdier dénonce l'échange économique (le troc, en réalité) entre vengeurs d'une part, entre donateurs de l'autre, dans l'idée de leur opposer l'échange symbolique, mais en acceptant le principe de l'échange entre des imaginaires différents (entre un donateur et un vengeur), il établit une valeur d'échange. La femme, en ce sens et comme l'avait envisagé Lévi-Strauss, devient une monnaie d'échange.

Mais revenons à notre problème : envisageons les choses d'un point de vue purement symbolique. S'agit-il donc pour les communautés de réciprocité de restaurer le capital-vie de chacune d'entre elles, ou de restaurer la relation de réciprocité

131 *Ibid.*, pp. 28-29.

matrice de valeurs humaines dont le symbole doit rendre compte par-delà toute représentation imaginaire ?

Qu'appelle-t-on symbolique ?

Verdier précise comment, selon lui, la composition permet de réaliser le passage du meurtre au mariage :

« *En ce sens, la composition équivaut à un don de vie, au même titre que la dot équivaut à donner une femme à la place d'une autre. Cette homologie entre prix du sang et prix de la fiancée explique que l'on puisse désigner par le même mot l'un et l'autre versement et que les mêmes biens puissent servir au paiement du prix du sang et à celui de la fiancée* »[132].

L'équivalence du “prix du sang” et du “prix de la fiancée” est-elle due à une même identité de référence, celle du capital-vie de la communauté, ou bien au contraire est-elle la conséquence ultime d'une homologie entre deux systèmes de réciprocité : réciprocité positive et réciprocité négative ?

Lorsque Verdier réduit la relation de réciprocité à un échange entre deux imaginaires déjà constitués, il suppose résolu le problème de la genèse de la valeur. L'honneur, le sang, etc. sont des imaginaires qui deviennent des propriétés du clan. De telles propriétés pourraient être réinvesties dans la réciprocité des dons. Et si l'objectif de ces transactions est la possession de plus-value, de tels investissements se concevront comme des placements à intérêts. Ainsi Mauss conciliait-il le désintéressement pour les choses matérielles et l'intéressement pour des objets de luxe ou d'art.

Mais pour être représentées dans un imaginaire sous forme de diadèmes, de couronnes, de trésors, de pierreries ou d'or, les valeurs d'estime, d'amitié, de grâce… que l'on subsume sous le terme d'honneur ou de prestige doivent au préalable être produites. Elles ne jaillissent pas du hasard mais naissent, selon nous, de la relation de réciprocité. Par

132 *Ibid.*, p. 28.

conséquent, la possession dans un imaginaire particulier de leurs symboles est subordonnée à l'instauration ou à la restauration de la réciprocité qui leur donne naissance.

Si de telles richesses sont réinvesties dans le cycle de la réciprocité, on doit se poser la question de savoir si l'objectif de ce réinvestissement est de créer davantage d'être social ou d'acquérir seulement leur représentation dans un cycle de prestations qui serait l'inverse du cycle qui engendre la valeur.

Il semble que pour les communautés "indigènes", l'appropriation des trésors symboliques ne soit légitime que dans la mesure où elle reste ordonnée à la reproduction des structures de réciprocité d'où procède la valeur. La thésaurisation leur apparaît, en effet, comme un détournement du flux créateur. C'est ce qu'observait Malinowski lorsqu'il commentait l'*Uvalaku* – la grande *kula* des Trobriandais[133].

Aux îles Trobriand, l'on est heureux de recevoir un cadeau symbolique de grand prix en hommage à sa générosité, mais ce n'est qu'à la condition de s'en dessaisir bientôt pour engendrer davantage d'amitié. Et Malinowski avait parfaitement repéré la contradiction de l'échange et de la réciprocité lorsqu'il disait que les Trobriandais sont tout comme les Anglais assoiffés de propriété mais à la condition, ajoutait-il, de comprendre que chez eux *posséder c'est donner*.

Si l'on considère au contraire la valeur comme un capital inné de chaque groupe, il est alors possible de réduire la réciprocité à l'échange. Il faut néanmoins faire l'impasse sur l'observation de Malinowki, la supériorité de la joie de créer l'être, sur la joie de posséder ses images. Mais si l'on fait l'impasse sur la création de l'être social, on peut faire aussi l'impasse sur toute autre création, en particulier celle qui a lieu lorsque les objets représentant la renommée acquise sont à leur

133 Bronislaw Malinowski, *Argonauts of the Western Pacific* [1922]. Trad. fr. *Les Argonautes du Pacifique occidental,* Paris, Gallimard, 1963.

tour investis dans le don. On peut ainsi imaginer que l'objectif final de toute entreprise de réciprocité est un échange en vue de l'accumulation de valeurs symboliques réifiées dans son propre imaginaire.

Mais, dès ce moment, la contradiction que nos interprètes veulent instituer entre valeur symbolique et valeur économique devient incertaine. Si cette contradiction demeure à l'intérieur d'un cycle de réciprocité positive ou bien à l'intérieur d'un cycle de réciprocité négative, elle disparaît, comme on l'a vu, entre les deux systèmes : dès lors que dans l'imaginaire d'un groupe la valeur est considérée comme propriété, l'échange peut s'instaurer avec un autre groupe qui dispose d'un imaginaire équivalent. La question est de savoir si les communautés s'engagent sur cette voie logiquement à leur disposition ou la récusent pour la joie de créer leur humanité et toujours davantage d'humanité, par la réciprocité.

Pour maintenir l'opposition de la valeur d'échange et de la valeur symbolique, il nous faut faire intervenir une distinction entre imaginaire et symbolique : l'imaginaire se réfère à la manière dont chaque partenaire se représente l'être social auquel il aspire ; le symbolique, à l'être social lui-même tel qu'il naît d'une relation de réciprocité, c'est-à-dire que les dons n'acquièrent une valeur symbolique que pour autant qu'ils s'inscrivent dans une relation de réciprocité. Le symbole ne se rapporte pas à un homme ou à une femme ou à une vie. Il se rapporte à ce dont le guerrier et l'épouse ne sont que les garants : la relation elle-même de réciprocité, seule matrice de la valeur d'être.

Il faut ici remplacer le capital-vie de chacun des groupes par leur relation de réciprocité qui crée l'être social. Mauss avait raison d'appeler le *mana* un *lien* d'âmes. C'est ce lien qui est l'être dont le symbolique prétend rendre compte, et lorsqu'il est confondu avec l'identité propre de l'un ou de l'autre des partenaires, on peut dire qu'il y a dégradation du symbolique dans l'imaginaire qui prélude à sa dégradation dans l'économique.

Le vocabulaire des communautés de réciprocité indique fréquemment cette primauté de la relation sur les termes qu'elle conjugue. Il a lui-même des valeurs symétriques contradictoires et le sens en est donné par le contexte. Michel Panoff[134] nous semble bien exprimer cette référence majeure à la relation elle-même lorsqu'il étudie le vocabulaire de la vengeance chez les Maenge de Nouvelle-Bretagne (Mélanésie) :

« *Si, employé comme verbe, "koli" peut se traduire tantôt par "payer" et tantôt par "faire payer", c'est donc que, loin de toute préoccupation économique, seule est visée l'exécution d'une obligation comme opération décisive. Et cette obligation est double évidemment puisque le Maenge est tenu, à la fois, de venger les victimes de son propre groupe et d'indemniser celles du groupe adverse (ou d'en subir la contre-violence)* »[135].

(Double et contradictoire !)

On remarque aussi, à propos du mot *milali,* que l'auteur traduit par *dette*, que :

« *Le créancier ne justifie ses réclamations ni par référence à la notion de propriété ni en invoquant une stratification de la société qui le placerait au-dessus du débiteur et lui permettrait d'exiger un tribut ès-qualités, ce qui est bien en harmonie avec la conception égalitaire des Maenge et avec leur faible degré d'individualisme dans la possession des objets. Se reconnaître débiteur et s'engager à réparer une lésion ou à rendre son intégrité physique à autrui sont pour eux synonymes. On conçoit dès lors qu'il ne puisse y avoir de véritable différence de nature entre les trois situations suivantes : celle de l'homme dont on a tué un frère de clan, celle du célibataire dont la fiancée préfère épouser un autre homme, et celle du*

134 Michel Panoff, « Homicide et vengeance chez les Maenge de Nouvelle-Bretagne », dans *La vengeance, op. cit.*, vol. 2, pp. 141-161.

135 *Ibid.,* p. 146.

"big man" qui organise une fête à laquelle ses rivaux refusent d'assister après y avoir été invités »[136].

Ce qui est considéré comme égal, ici, est la rupture de relation, non les termes de ces relations. Et les relations considérées comme rompues sont des relations de réciprocité brisée.

La libération du Tiers des imaginaires de la vengeance

La confrontation de la mort et du meurtre est nécessaire pour que naisse le *sens* entre les deux consciences biologiques antithétiques de mourir et de tuer. Or, apparaît désormais une autre relativisation. La relativisation de la réciprocité de vengeance elle-même, qui conduit à des *formes atténuées* de mort et de meurtre.

Ces formes atténuées s'opposent aux formes plus radicales, comme si la réciprocité se resserrait autour d'un *Tiers* supérieur à celui de la vengeance. Le Tiers en question entre alors en lutte avec l'imaginaire dans lequel il est apparu. Cette lutte du symbolique contre l'imaginaire peut être illustrée de l'étude de la société des Gamo d'Éthiopie par Jacques Bureau[137] :

« *Pour les Gamo, la vengeance, personnelle ou clanique, serait antinomique à l'organisation politique qui dépasse les réseaux de relations élémentaires, parenté, voisinage et même amitié, pour "se fonder sur des*

136 *Ibid.*, pp. 146-147.

137 Jacques Bureau, « Une société sans vengeance : le cas des Gamo d'Ethiopie », dans *La vengeance, op. cit.*, vol. 1, pp. 213-224.

liens contractuels entre territoires fédérés" »[138].

Il y a donc dépassement des formes de réciprocité primitive par un contrat (un contrat de réciprocité).

Que signifie ce lien contractuel plus fort que l'alliance, plus fort que la vengeance ?

« *Les quelques 500.000 Gamo*, nous dit Jacques Bureau, *vivent dans une quarantaine de fédérations – déré – ou pays (de 5 à 30.000 âmes) dans un massif montagneux du sud-ouest éthiopien* ».

On note une organisation clanique patrilinéaire avec une prépondérance des anciens : l'aîné est le premier sacrificateur pour être en communication avec les esprits, les ancêtres et Dieu, mais l'assise territoriale qui regroupe plusieurs clans ou parts de clans est sous l'autorité d'un chef rituel – le *ka'o* – son premier sacrificateur. À l'intérieur de chacun des pays, l'autorité suprême appartient aux assemblées.

Nous retrouvons les grandes lignes d'une organisation clanique et la double actualisation du principe d'opposition et du principe d'union. Les valeurs éthiques produites par la réciprocité sont codifiées par la tradition :

« *Le "woga" est un corps de règles vis-à-vis duquel tout acte peut être qualifié. (…) C'est la référence*, écrit Jacques Bureau, *de toutes les actions humaines. (…) Le "woga" n'est pas immuable, (…) il change avec la société, mais ces changements sont en réalité le fait d'hommes et de femmes qu'un consensus général reconnaît comme ayant un pouvoir surnaturel – "téma" – particulièrement fort* »[139].

Sans doute en est-il de même dans la plupart des communautés de réciprocité, mais la description de Jacques Bureau a le mérite de mettre au premier plan ce *téma* qu'il compare au *mana* polynésien, et il y reconnaît la force réelle qui oriente les investissements humains.

138 *Ibid.*, p. 214.
139 *Ibid.*, p. 216.

À propos de la justice, par exemple, Jacques Bureau précise que, dans les querelles mineures, les intéressés s'en remettent au *saga* (juge-arbitre) :

« *Pour qu'un individu soit "saga", il suffit qu'un consensus assez vaste lui reconnaisse le caractère d'intercesseur entre les hommes et les puissances sur-naturelles* »[140].

La force spécifique du *saga* de menacer un individu qui refuse la loi est son *téma*. C'est donc ici le Tiers supérieur qui parle par le tiers, le *téma* par le *saga*. Et cette parole normalement suffit car le fautif qui ne se plie pas aux injonctions du *saga* s'expose aux sanctions *surnaturelles*.

En cas d'échec du *saga*, la justice des assemblées devient l'ultime recours, bien qu'elles soient aussi utilisées en première instance… Mais il suffit que l'accusé ne reconnaisse pas ses torts pour que l'assemblée, s'il n'y a pas de preuves, s'en remette à l'usage du serment *(chako)*, par lequel les parties se déclarent dans le vrai *(tsilo)* :

« *Dès cet instant l'affaire est terminée mais celui qui est parjure s'expose à la mort…* »[141].

Si l'offenseur est reconnu coupable mais affronte l'assemblée, il sera l'objet de la sanction suprême : l'ostracisme.

« *Ses effets sont l'interdiction pour les membres du territoire visé de donner de l'eau et du feu à l'exclu, sous peine d'être aussi frappés d'ostracisme, c'est surtout l'absence de funérailles. (…) De cette manière, la vengeance est exclue du règlement des conflits individuels, et de deux façons : d'une part, par ces juges-arbitres dont le pouvoir n'a qu'un fondement mystique, et d'autre part, par les assemblées qui détiennent un pouvoir séculier précis, celui de prononcer l'ostracisme* »[142].

---

140 *Ibid.*, p. 219.
141 *Ibid.*, p. 221.
142 *Ibid.*, p. 221 et p. 223.

L'ostracisme est une rupture de relation symbolisée par le refus du feu et de l'eau. Comme nous l'avons déjà observé chez les Beti où le sage devenu médiateur est appelé *ntsig-ntol* "l'aîné trancheur de palabre", la parole n'est plus la proclamation du nom de l'un ou de l'autre des partenaires : *vengeur* ou *donateur,* ni même du nom de la totalité de la communauté, le nom du *roi-prêtre* ou de son esprit protecteur ou vengeur. La parole est délivrée des qualifications de l'imaginaire et de ses appareils de pouvoir.

La parole se réfère à une présence "mystique", dit Bureau, autant dans les jugements qui peuvent s'établir par le principe d'opposition, que pour ceux qui requièrent l'actualisation du principe d'union. Le pouvoir, lui-même, comme forme de coercition physique, est oublié. La parole du Tiers supérieur suffit normalement à rétablir le lien social. En cas de refus de la conciliation, la société s'en remet au pouvoir immanent du surnaturel. Le tiers lui-même s'efface devant le Tiers, invoqué en la personne de *Ghiorghis* (Saint-Georges)[143].

La justice est le pouvoir de la Parole. La communauté n'intervient que si elle est mise en danger par un coupable avéré qui se refuse à reconnaître sa culpabilité. Elle intervient alors au niveau de la *structure* fondatrice du surnaturel. *L'exclusion* est la suppression de l'appartenance à la matrice du Tiers lui-même, à la communauté de réciprocité : c'est une excommunication.

Le Tiers parle, donc, chez les Gamo, sans être privatisé ni par une caste de prêtres ni par une classe d'aristocrates. Jacques Bureau parle même de démocratie directe :

« *La société gamo n'a pas une organisation politique forte, ni un appareil judiciaire spécialisé (…). Au contraire, les Gamo s'organisent en petites fédérations sous l'autorité d'assemblées où tout homme adulte peut*

---

143 *Ibid.*, p. 218.

participer activement »[144].

Les Grecs, dans l'Antiquité, avaient aussi donné la préséance à cette forme de réciprocité sur la réciprocité positive et négative avec ce lien contractuel qui fondait la cité : à la fin de l'Odyssée, comme Ulysse retrouve les siens mais doit aussi les affronter, Athéna s'adresse à Zeus pour délivrer la réciprocité de ses imaginaires. Et Zeus lui répond par l'idée d'un serment… Eschyle, dans les *Euménides*, fait osciller le sort d'Oreste entre la vengeance des Erinyes et la protection d'Apollon, jusqu'à ce que Athéna invente un tribunal de citoyens *impartiaux*.

La première épreuve des origines est pour l'homme sa libération du réel, la seconde, celle de ses imaginaires. L'être naissant est comme la cigale des champs. Elle sort d'une chrysalide de sous la terre, mais elle doit encore quitter la chrysalide.

L'ÉQUIVALENCE DE LA RÉCIPROCITÉ POSITIVE ET DE LA RÉCIPROCITÉ NÉGATIVE

Peut-on décider si la raison des transactions, dans les communautés interrogées par Verdier, est la réciprocité ou l'échange, et si l'enjeu est le symbolique (tel que nous le définissons) ou l'imaginaire (le capital-vie) ?

La femme, "le plus grand des biens" selon Lévi-Strauss, qui, selon l'anthropologie occidentale, servirait de monnaie d'échange, est-elle une représentation du capital-vie ou constitutive d'une structure de réciprocité ?

---

144 *Ibid.*, p. 213.

Les exemples choisis par Raymond Verdier montrent que si des symboles de vengeance sont identiques à ceux des alliances matrimoniales, ils ne peuvent être remplacés par la femme, qui lorsqu'elle entre en scène inaugure une structure nouvelle de réciprocité d'alliance. C'est donc bien la réciprocité et non l'échange qui est le but des communautés.

Chez les Bédouins de Jordanie, dès que le garçon né d'une femme donnée en compensation d'un meurtre est en âge de porter les armes :

« … *sa mère le vêt de ses habits d'homme, le ceint d'un poignard et le présente à l'assemblée des notables. Alors sa mission est accomplie : de "ghorra", servante, elle redevient "horra", libre. Elle quitte son mari qui n'a plus aucun droit sur elle ; s'il tente de la retenir, son père ou le chef de sa famille fera appel au garant (un répondant, nommé par le preneur, qui doit veiller à son retour dans sa parenté agnatique une fois sa mission remplie). Néanmoins l'époux pourrait la garder s'il obtenait l'accord de ses beaux-parents à qui il devrait payer alors un douaire* »[145].

Ce n'est pas la femme qui est donnée mais le guerrier qu'elle peut mettre au monde pour le compte de l'adversaire. L'enjeu est de reconstruire la relation de réciprocité en ressuscitant un guerrier, un meurtrier chez l'ennemi. Sans doute peut-on considérer le garçon comme un capital-guerrier. On rééquilibre les potentialités de meurtre. Mais la femme sera rendue dès qu'elle aura enfanté un guerrier ennemi.

Deux voies s'offrent en réalité pour restaurer le potentiel de réciprocité négative : le prêt d'une femme jusqu'à ce qu'elle crée un guerrier, ou le don d'un enfant mâle qui deviendra un guerrier dans le clan ennemi. Cependant, la femme peut être gardée si l'époux obtient l'accord de ses beaux-parents et s'il leur apporte le douaire. Cette seconde prestation n'est pas la compensation du meurtre. Lorsqu'une relation matrimoniale

145 Chelhod, *op. cit.*, vol. 1, p. 135.

est nouée entre les deux parties pour succéder à la relation de meurtre, elle doit en effet être confirmée par une promesse d'un mariage dans l'autre sens, symbolisée par le douaire.

Il en est de même chez les Moundang du Tchad :

« *Chez les Moundang, le roi peut attribuer, au lieu des bœufs de la composition, une femme à un frère de la victime ; si celle-ci met au monde un garçon, on considère que la réparation a été faite complètement ; le mari doit alors verser une compensation matrimoniale à ses beaux-parents* »[146].

L'union matrimoniale ne sert pas seulement à rétablir l'équilibre de réciprocité entre meurtriers, mais, une fois la réciprocité de guerriers restaurée, elle transforme celle-ci en réciprocité d'alliance. La femme est l'instrument d'une structure de réciprocité positive qui se substitue à une structure de réciprocité négative. Et la relation matrimoniale, pour être une alliance, doit être complétée par les prestations dotales.

Par contre, on voit que le meurtre peut avoir un équivalent symbolique qui lui est propre (des bœufs sacrifiés ou destinés au sacrifice). Ces prestations ont pour effet de restaurer la réciprocité guerrière en termes symboliques avant qu'elle ne soit remplacée par une relation d'alliance.

« *Chez les Moundang, la famille du meurtrier, avant d'acquitter la composition, amène au bord de la rivière "le bœuf de la plaie" pour y être sacrifié ; son sang est recueilli et les grands de chacun des deux clans en cause y plongent leurs mains ; si le sacrifice est accepté par les esprits ancestraux, c'en est fini de la violence. Chez les Géorgiens de la montagne, les rites de conciliation ont lieu au grand sanctuaire du clan offensé ; les parents du meurtrier viennent y sacrifier plusieurs animaux et chaque clan boit alors la bière que l'autre a fournie et consacrée* »[147].

---

146 Verdier, *op. cit.*, vol. 1, p. 29.
147 *Ibid.*, pp. 29-30.

La bière est trop universellement le symbole de l'alliance pour que l'on ne voie pas dans la succession du sacrifice sanglant et de la libation le passage d'une structure de réciprocité négative à une structure de réciprocité positive. Mais le passage requiert d'abord le rééquilibre de la réciprocité négative.

Ce ne sont pas des vies que l'on échange, fussent-elles des vies symboliques capitalisées dans l'imaginaire des groupes, mais des structures de réciprocité que l'on restaure parce qu'elles sont les matrices de l'être social, les matrices du lien d'âmes. Et les âmes elles-mêmes ne sont imaginées que pour nouer entre elles de nouvelles relations de réciprocité.

Philippe Laburthe-Tolra confirme que, chez les Beti du Cameroun :

« ... *tout tort commis exige réparation avant la reprise des échanges : dans une pièce d'Ayissi (Les Innocents, Yaoundé, S. D., pp. 25-26), la mère du héros explique à son fils comment serait possible son mariage avec une fille Ndog Mbang dont les ancêtres ont autrefois battu et humilié les siens : "Si vous battez les Ndog Mbang, le sang de vos ancêtres est vengé, et le mariage avec une Ndog Mbang, otage de guerre ou esclave, devient possible pour toi"* »[148].

Toutes ces opérations de vengeance, de compensation ou de composition sont ordonnées à l'élargissement de la matrice de l'être social, et s'il y a capitalisation du symbolique, comme dans le cas des femmes porteuses de futurs guerriers, celui-ci est immédiatement investi, pour continuer dans la métaphore économique, dans la structure de production du symbolique. C'est-à-dire que l'imaginaire est inféodé au symbolique, l'avoir à l'être, et non l'inverse.

---

148 Laburthe-Tolra, *op. cit.*, vol. 1, p. 163.

Si l'on pouvait échanger une femme contre un meurtrier, alors l'échange serait sans doute celui d'une part d'un capital-vie contre une autre, et l'on resterait prisonnier de l'imaginaire proprement dit, chacun faisant valoir ses droits. Si l'enjeu est la réciprocité en tant que matrice de la valeur, il est nécessaire qu'avant de passer d'un système à l'autre, le premier soit restauré dans son intégrité afin que la valeur produite dans ce système – le lien d'âmes comme dit Mauss – ne soit pas altéré, d'où la distinction entre deux opérations, la restauration de la réciprocité négative et le passage à la réciprocité positive. La première prestation s'effectue dans les termes de la réciprocité négative (un guerrier pour un guerrier), la seconde remplace une structure par une autre.

Nous avons envisagé jusqu'ici des sociétés patrilinéaires, mais dans les sociétés matrilinéaires, le rôle de la femme ne pourra être le même. Il sera inutile de donner une femme si l'on veut simplement reproduire les conditions de la réciprocité négative, car ses enfants n'appartiendront pas au clan ennemi mais à son propre clan. Les choses devraient alors se présenter de la façon suivante : dans la théorie de l'échange, une femme vaudrait toujours un homme, et dans ce cas on pourrait payer le meurtre d'un homme d'une femme. Mais selon la théorie de la réciprocité, la femme ne pourra intervenir que dans le but de remplacer une relation de vengeance par une relation d'alliance, et le don de la femme signifiera exclusivement la réciprocité en termes de réciprocité positive. Pour rétablir la réciprocité négative, il faudra procéder au don d'un enfant mâle, qui sera adopté par le clan ennemi.

Qu'en est-il ?

Chez les Maenge de Mélanésie, Michel Panoff observe que c'est le même objet, le "*page*", qui sert au *paiement du prix du sang* et au *paiement du prix de la fiancée.* Les *page* sont des objets de qualité qui ont un nom et une histoire, comme les *mwali* ou les *soulava* des Trobriandais. Ils ont pouvoir libératoire quand il s'agit d'obtenir un mariage ou d'indemniser une vie humaine.

« *La règle était, disent les informateurs, que le sous-clan puisse éviter le talion en cas d'homicide par la remise d'une fille à marier au groupe de la victime. Les récits d'échanges hostiles montrent, en effet, que les vengeurs potentiels ont renoncé plusieurs fois à la contre-violence projetée pour accepter une femme au lieu d'un "page"* »[149].

On pourrait donc penser qu'une femme équivaudrait à une victime puisqu'elle vaudrait un *page*, et que le *page* pourrait servir de monnaie entre eux.

Mais voici comment Panoff dissipe cette impression :

« *On dira peut-être que le "page" étant le moyen d'obtenir une femme en mariage, les deux arrangements reviennent au même en fin de compte. Ce qu'il faut voir cependant, c'est qu'il est impossible, en société matrilinéaire, de répéter ce raisonnement pour expliquer que l'obtention d'une épouse supplémentaire puisse dédommager un sous-clan de la perte d'un de ses membres. Quel que soit le contrôle exercé par un tel groupe sur les capacités reproductrices de la femme qu'il reçoit en mariage, les enfants à naître n'appartiennent pas, en effet, au sous-clan du mari et ne pourront donc pas combler les vides creusés dans ses effectifs* »[150].

La femme ne sert donc pas à rétablir un potentiel de réciprocité négative.

« *C'est probablement pourquoi certaines sociétés matrilinéaires de Mélanésie avaient coutume d'offrir au clan de la victime un choix entre le talion et l'adoption irréversible d'un enfant ou d'un adolescent appartenant au clan des meurtriers (Ivens 1927 : 223). Cette forme de compensation directe, la plus directe qui soit, les Maenge auraient pu y recourir (…),*

---

149 Panoff, *op. cit.*, vol. 2, p. 157.

150 *Ibid.*

mais ils ne l'ont pas fait »[151].

Ils proposent donc une autre solution : remplacer la réciprocité négative par la réciprocité positive. Une femme se substitue au *page* de la réciprocité négative. À un *page*, symbole de réciprocité négative, l'offenseur substitue une alliance. Ce n'est donc pas une vie humaine que le *page* symbolise – qu'elle soit homme ou femme –, mais la moitié d'une structure de réciprocité positive ou négative, jugées équivalentes quant à leur capacité d'engendrer de l'être social pour une communauté donnée, et dont l'autre moitié est nécessairement soit un meurtrier soit une épouse.

L'ALIÉNATION DANS LA RÉCIPROCITÉ NÉGATIVE

Mais l'imaginaire ne peut-il l'emporter sur le symbolique ? La valeur de réciprocité ne s'aliène-t-elle pas dans le fétichisme de ses représentations ?

Une étude de Georges Charachidzé, comparant des sociétés européennes témoignant des quatre types de vendetta différents, permet d'apporter une réponse à cette question.

Chez les Abkhazes, qui occupent la partie montagneuse du littoral de la Mer Noire de part et d'autre de la chaîne du Caucase, la vengeance est devenue un phénomène démesuré :

« *Le droit abkhaze multiplie comme à plaisir les occasions déclenchant inévitablement une série de meurtres et de contre-meurtres (…) Soulignons bien que chacun de ces préjudices donne lieu non pas, comme c'est le cas ailleurs, à une compensation en rapport avec son caractère et son importance, mais à un "meurtre", qui lui-même enclenche le processus de*

151 *Ibid.*, pp. 157-158.

la vengeance sanglante. (…) Le processus ne s'éteint pas avec le temps, le droit coutumier ne prévoit aucun délai entraînant l'extinction de la créance. Ce qu'exprime fortement un dicton abkhaze : "le sang ne vieillit pas" »[152].

Chez les Tcherkesses, qui se sont établis entre la Mer d'Azov et la chaîne du Caucase, la structure sociale est identique à celle des Abkhazes (structure clanique plus hiérarchie nobiliaire et vassalique), mais :

« *(…) à l'inverse de ce qui se passe en Abkhazie, c'est ici la composition qui règle la plupart des conflits et supplante presqu'entièrement l'exercice de la violence, surtout lorsque des membres de l'aristocratie s'y trouvent impliqués. (…) Dans ses moindres détails, le système était conçu et fonctionnait au bénéfice du prince* »[153].

C'est-à-dire que le montant de la composition était si élevé qu'il engendrait une dette perpétuelle des victimes :

« *Deux unités de compte étaient en usage : la "tête" (shxa), elle-même divisée en 60 à 80 "bœufs". Le barème s'établissait ainsi à la fin du XVIIIe siècle : meurtre d'un prince = 100 "têtes", c'est-à-dire 6 000 à 8 000 "boeufs" (…)*

Finalement, mais pour des raisons inverses, les Abkhazes et les Tcherkesses aboutissent au même résultat : la vendetta, soit par excès de violence, soit par abus de la composition, devient proprement interminable. (…). Ces deux types de vendetta, si on peut encore lui donner ce nom, s'opposent chacun à leur façon au système vindicatoire tel que le pratiquent les Géorgiens de la montagne (…).

Chez les montagnards georgiens orientaux (Pshav et Xevsur autour du mont Kazbeg) et occidentaux (Svanes au sud du massif de l'Elbrouz), on pénètre dans un autre monde. Dans ces hautes vallées presque inaccessibles demeure intouché jusqu'au milieu du XXe siècle une sorte de conservatoire naturel des genres de vie traditionnels avec les modes

152 Charachidze, *op. cit.*, vol. 2, p. 85.

153 *Ibid.*, pp. 89-90.

de pensée qui les accompagnent »[154].

Tandis que pour les Abkhazes, « *le meurtre délibéré est prévu par la loi, en contrepartie d'un préjudice quelconque. Chez les Géorgiens, au contraire, seul le contre-meurtre enclenchant la vendetta est tenu pour licite : on n'a le droit de tuer que si le partenaire a déjà tué* »[155].

D'autre part, le clan du meurtrier est astreint à un certain nombre de démarches rituelles d'ordre religieux, effectuées dès le premier meurtre et prolongées pendant plusieurs années, qui relèvent de la composition : aucune médiation n'est possible tant qu'une année entière ne s'est pas écoulée après le meurtre, mais ensuite commence le rituel de la conciliation avec deux sortes de rites, les uns sacrificiels, les autres qui inaugurent des relations de réciprocité positive.

L'égalité entre les clans, le préalable de la mort subie pour justifier la vengeance, le rétablissement de l'équilibre de la réciprocité négative avant son relais par la réciprocité positive, sont autant de traits d'une réciprocité équilibrée originaire qui donne naissance à deux évolutions. Georges Charachidzé poursuit en effet :

« *Ce système de régulation extrêmement puissant a donné lieu à deux types d'évolution aboutissant respectivement à des situations inverses l'une de l'autre. L'un d'eux a été étudié dans notre travail sur la féodalité géorgienne. (…) Du XIe au XVIIIe siècle, les rois et les princes ont institué des lois tenant compte de l'archaïque droit coutumier, mais en le soumettant à une distorsion intéressante : du système de la vendetta, ils ont évacué toute compensation violente, ne retenant que le principe de la composition. (…)*

Le second type d'évolution s'est effectué à l'inverse du précédent : du système de la vendetta, seuls ont subsisté le caractère violent et l'obligation morale de tuer en riposte au moindre préjudice. (…)

---

154 *Ibid.*, pp. 90-92.

155 *Ibid.*, p. 94.

Ce type de vendetta n'a encore jamais été étudié, il est propre aux Géorgiens musulmans »[156].

Les deux évolutions antithétiques des Géorgiens, soit la violence qui élimine l'autre, soit la composition qui l'asservit définitivement, aboutissent aux deux premiers types de vengeance des Abkhazes et des Tcherkesses. Cependant, ces deux dialectiques sont articulées sur un tronc commun où ni l'accumulation de l'honneur ni celle de la richesse n'est l'enjeu principal des prestations humaines mais la valeur spirituelle, comme l'indiquent ces observations de Charachidzé :

« *Le pouvoir politique et militaire est aux mains des prêtres-sacrificateurs choisis par élection divine. (…)*

Le respect du droit coutumier se fonde sur la force contraignante de la religion et de la foi, qui agissent pour ainsi dire de l'intérieur »[157].

Cette action de l'intérieur est la clef du système. C'est de l'intérieur de la structure sacrificielle (la réciprocité unifiée par le principe d'union) que sourd la foi, lien social unifié. La foi indique l'aveuglement de toute conscience ou représentation singulière au profit d'un lien d'âmes unique. Au prêtre est dévolu le rôle d'un tiers intermédiaire, et réservée la fonction de donner au Tiers, par le sacrifice rituel, ce caractère d'unité.

S'il y a renversement de primauté entre le symbolique et l'imaginaire, comme en témoigneraient certaines communautés du Caucase, dès lors se constitue un capital-vie imaginaire que les clans tentent d'augmenter indéfiniment. La dialectique, qui a certes des effets novateurs lorsqu'elle est au service de la réciprocité, peut aussi conduire à l'aliénation du cycle dans sa polarité : donnant, on acquiert du prestige dans son imaginaire, et plus on donne et plus on est "grand" ; mourant, on tue dans l'imaginaire, et plus on subit de meurtres et plus on a de droits au meurtre.

---

156 *Ibid.*, pp. 97-98.
157 *Ibid.*, p. 93.

Ne doit-on pas cependant considérer de telles évolutions comme des aliénations ou déviances de la structure fondamentale ?

La structure fondamentale, les Géorgiens de la montagne l'ont conservée en assurant une constante commutativité entre les deux systèmes, la relativisation de l'un par l'autre, la neutralisation même de l'un et l'autre. Abkhazes et Tcherkesses déploient, eux, des dialectiques sans fin ni mesure. L'une de ces structures est-elle plus archaïque que les deux autres ?

Ismaël Kadaré[158] a traduit dans son roman *Avril Brisé* la désespérance d'un homme vaincu par la fatalité de devoir son être à deux coups de fusil après qu'il ait vu l'amour briller comme un éclair dans l'entrebâillement d'une porte qui se fermait.

158 Ismaël Kadaré, *Avril Brisé*, Paris, Fayard, [1978)], 1982. Dans les régions escarpées du Nord de l'Albanie, la vie est réglée par un ensemble coutumier clanique transmis depuis des siècles : le *Kanun*.

Conclusion

Raymond Verdier et ses collaborateurs campent sur les thèses classiques de l'échange symbolique. Si Raymond Verdier a tenté comme Mauss de récuser l'échange économique comme paradigme de la vengeance, il retient néanmoins la vengeance dans les rets de l'échange (l'échange symbolique) car il imagine des propriétaires de valeurs sans s'interroger sur la genèse de ces valeurs.

Comme Mauss et Lévi-Strauss, Raymond Verdier capitalise le symbolique dans l'imaginaire des protagonistes de la réciprocité, et plutôt que de révéler la structure génératrice de ce capital, il suppose que tout commence avec son échange. Il soumet même cet échange à l'intérêt égoïste du groupe. Il propose de voir dans l'obligation de vengeance vis-à-vis de l'extérieur et l'interdit de vengeance vis-à-vis de ses proches non seulement une manifestation de solidarité entre les membres du groupe mais une cause de celle-ci.

Il rejoint donc sur ce point Florestan Fernándes qui interprétait la vengeance comme une force de solidarisation. Jesper Svenbro va même plus loin. L'avantage de cette solidarisation serait tel que l'on aurait intérêt à provoquer la vengeance. Tuer l'autre pour qu'il tue chez soi aurait pour résultat de renforcer l'unité du groupe. L'échange de meurtres serait un échange de solidarisations[159].

159 Svenbro, *op. cit.,* vol. 3, pp. 47-63.

Mais la question fondamentale est la genèse de ces valeurs. Les hommes héritent-ils d'un capital inné, comme le proposent Claude Breteau et Nello Zagnoli :

« *La vengeance capitalise l'honneur, car sans affront à réparer, on ne peut administrer la preuve de sa vraie valeur, authentifier l'honneur dont tout homme dispose par "nature" (capital fixe). Avoir l'occasion de "prouver" son honneur permet de passer du latent au manifeste, de l'essence à l'existence…* »[160],

Ou bien engendrent-ils ce capital par la réciprocité ?

Raymond Verdier considère le lieu de l'adversité comme le siège d'une reconnaissance sociale :

« … *le groupe adverse est celui par rapport auquel on se situe dans un affrontement réciproque : on pourra chercher à éviter le face-à-face, mais si l'un injurie l'autre, ce dernier ne peut renoncer à lui rendre l'injure sans accepter de se soumettre et donc de perdre la face* »[161].

C'était déjà là, pour Marcel Mauss, l'enjeu du don et contre-don.

Nous avons soutenu que dans le système des dons, l'identité n'est pas antérieure au don : le prestige naît du don, il est proportionnel au don. Le nom est le visage du don. Or, un tel sens du don ne peut naître, être reconnu par le donateur lui-même, sans qu'il y ait donataire qui à son tour puisse être donateur. La relation du donateur au donataire n'est synonyme d'acquérir un visage d'humanité pour le donateur que si pour le donataire elle est synonyme de perdre ce visage (qu'il retrouve en redonnant).

La relation *acquérir un nom/perdre un nom* est simultanée du don pour celui qui donne et pour celui qui reçoit, parce que donner reçoit son sens de recevoir et recevoir de donner pour chacun des partenaires. Les noms vont donc constituer entre eux des systèmes de parenté. De là le caractère souvent

160 Breteau & Zagnoli, *op. cit.*, vol. 1, p. 49.

161 Verdier, *op. cit.*, vol. 1, p. 25.

collectif des affrontements de réciprocité. On appartient à un système classificatoire, à une parenté, etc. Mais le Tiers ne cesse de s'émanciper de l'imaginaire pour atteindre à la transparence. Une telle possibilité n'est offerte que par la structure de réciprocité qui devient ainsi un préalable au don lui-même comme matrice du sens.

La même thèse peut être défendue pour la réciprocité négative. La parole est requise pour autoriser la vengeance lorsque celle-ci est significative de valeur : le meurtrier doit être nommé ou se nommer.

« *Autant que l'accomplissement d'un devoir, la vengeance est le pouvoir de préserver et de restaurer son identité et son intégrité face à un groupe adverse* », dit Verdier, mais, de même que ne pas pouvoir donner ou redonner, c'est perdre la face ou reconnaître la supériorité d'autrui : « *Ne pas pouvoir exercer la vengeance, c'est reconnaître la supériorité de l'adversaire, perdre son prestige, voire son statut, et il en va pareillement pour celui qui n'accepte pas de la subir* »[162].

Ce parallèle entre *obligations de donner, recevoir et rendre* d'une part et d'autre part *accepter la mort, la rendre et l'accepter à nouveau* montre que la reconnaissance sociale n'est pas reconnaissance de ce que chacun est pour lui-même, mais d'être homme en face d'autrui quelle que soit sa qualité de donateur ou de meurtrier. Le visage auquel chacun désire correspondre n'est pas celui qu'il porte et qu'il ne connaît pas, mais celui qu'il reconnaît comme devant être le sien et qu'il n'a pas encore : un visage humain.

La reconnaissance mutuelle est celle d'un être inter-groupe qui exerce une plus grande fascination sur les hommes que l'être propre au groupe, au point de façonner dans l'homme l'amour de la guerre, si la guerre est le moyen utilisé pour actualiser la réciprocité entre les groupes.

162 *Ibid.*, p. 30.

Les systèmes du don et de la vengeance sont semblables parce qu'ils sont des systèmes de réciprocité. Le prestige du don et l'honneur du guerrier ont une essence commune parce qu'ils sont produits par des structures de réciprocité. La réciprocité est la matrice du Tiers – que Mauss appelle *lien* –, que celle-ci soit réciprocité de vengeance ou réciprocité d'alliance ou réciprocité de dons.

BIBLIOGRAPHIE

Adler Alfred, « La vengeance du sang chez les Moundang du Tchad », dans Raymond Verdier *et al.*, *La vengeance*, vol. 1 *Vengeance et pouvoir dans quelques sociétés extra-occidentales*, textes réunis et présentés par Raymond Verdier, Paris, Cujas, 1981, pp. 75-90.

Boilleau Jean-Luc, *Conflit et lien social. La rivalité contre la domination,* Paris, La Découverte/Mauss, 1995.

Breteau Claude H. & Nello Zagnoli, « Le système de gestion de la violence dans deux communautés rurales méditerranéennes : la Calabre méridionale et le N.-E. Constantinois », dans *La vengeance*, vol. 1 *Vengeance et pouvoir dans quelques sociétés extra-occidentales*, textes réunis et présentés par Raymond Verdier, Paris, Cujas, 1981, pp. 43-73.

Bureau Jacques, « Une société sans vengeance : le cas des Gamo d'Ethiopie », dans *La vengeance*, vol. 1 *Vengeance et pouvoir dans quelques sociétés extra-occidentales*, textes réunis et présentés par Raymond Verdier, Paris, Cujas, 1981, pp. 213-224.

Charachidzé Georges, « Types de vendetta au Caucase », dans *La vengeance*, vol. 2 *Vengeance et pouvoir dans quelques sociétés extra-occidentales*, textes réunis et présentés par Raymond Verdier, Paris, Cujas, 1986, pp. 83-105.

Chelhod Joseph, « Equilibre et parité dans la vengeance du sang chez les Bédouins de Jordanie », dans *La vengeance*, vol. 1 *Vengeance et pouvoir dans quelques sociétés extra-occidentales*, textes réunis et présentés par Raymond Verdier, Paris, Cujas, 1981, pp. 125-144.

Fernándes Florestan, *A função social da guerra na sociedade Tupinambá,* Livraria Pioneira Editora, Univ. de São Paulo, Brasil, 1970.

Garine Igor (de), « Les étrangers, la vengeance et les parents chez les Massa et les Moussey », dans *La vengeance*, vol. 1 *Vengeance et pouvoir dans quelques sociétés extra-occidentales*, textes réunis et présentés par Raymond Verdier, Paris, Cujas, 1981, pp. 91-124.

Hamayon Roberte, « Mérite de l'offensé vengeur, plaisir du rival vainqueur. Le mouvement ascendant des échanges hostiles dans deux sociétés mongoles », dans *La vengeance*, vol. 2 *Vengeance et pouvoir dans quelques sociétés extra-occidentales*, textes réunis et présentés par Raymond Verdier, Paris, Cujas, 1986, pp. 107-140.

Harner Michael J., *The Jivaro : People of the Sacred Waterfalls* (1972). Trad. fr. *Les Jivaros. Hommes des cascades sacrées,* Paris, Payot, 1977.

Hobbes Thomas, *Léviathan* (1651). Traduction de l'anglais et notes par François Tricaud, Paris, Sirey, 1971.

Hyde Lewis, *The Gift. Imagination and the erotic life of property,* USA, éd. First Vintage Books Edition, 1983.

Itéanu André, « Qui as-tu tué pour demander la main de ma fille ? Violence et mariage chez les Ossètes », dans *La vengeance*, vol. 2 *Vengeance et pouvoir dans quelques sociétés extra-occidentales*, textes réunis et présentés par Raymond Verdier, Paris, Cujas, 1986, pp. 61-82.

Kadare Ismaïl, *Avril Brisé* (1978), Paris, Fayard, 1982.

Laburthe-Tolra Philippe, « Note sur La vengeance chez les Beti », dans *La vengeance*, vol. 1 *Vengeance et pouvoir dans quelques sociétés extra-occidentales*, textes réunis et présentés par Raymond Verdier, Paris, Cujas, 1981, pp. 157-166.

Leenhardt Maurice, *Do Kamo. La personne et le mythe dans le monde mélanésien*, Paris, Gallimard (1947), 1971.

Lemaire André, « Vengeance et justice dans l'ancien Israël », dans *La vengeance,* Vol. 3 *Vengeance, pouvoirs et idéologies dans quelques civilisations de l'Antiquité,* textes réunis et présentés par Raymond Verdier & Jean-Pierre Poly, 1984, pp. 13-33.

Lévi-Strauss Claude, *Le regard éloigné,* Paris, Plon, 1983.

Lévi-Strauss Claude, « La vie familiale et sociale des Indiens Nambikwara », *Journal de la Société des Américanistes*, vol. 37, 1, 1948, rééd. 1984, p. 93.

Lévi-Strauss Claude, *Les structures élémentaires de la parenté*, Paris-La Haye, Mouton (1947), 1967.

Lévi-Strauss Claude, *Paroles données*, Paris, Plon, 1984.

Lévi-Strauss Claude, « Introduction à l'œuvre de Marcel Mauss », dans Marcel Mauss « Essai sur le don », *Sociologie et Anthropologie*, Paris, PUF (1950), 1991.

Lupasco Stéphane, *Du Devenir Logique et de l'Affectivité*, vol. 1 *Le dualisme antagoniste et les exigences historiques de l'esprit*, vol. 2 *Essai d'une nouvelle théorie de la connaissance*, Paris, éd. J. Vrin, 1973.

Lupasco Stéphane, *Le principe d'antagonisme et la logique de l'énergie, Prolégomènes à une science de la contradiction*, Paris, éd. Hermann, Coll. « Actualités scientifiques et industrielles », n° 1133, Paris, 1951 ; 2ème édition Monaco, Le Rocher, Coll. « L'esprit et la matière », 1987.

Malamoud Charles, « Vengeance et sacrifice dans l'Inde brâhmanique », dans *La vengeance*, vol. 3 *Vengeance, pouvoirs et idéologies dans quelques civilisations de l'Antiquité*, textes réunis et présentés par Raymond Verdier & Jean-Pierre Poly, 1984, pp. 35-46.

Malinowski Bronislaw, *Argonauts of the Western Pacific* (1922). Trad. fr. *Les Argonautes du Pacifique occidental*, Paris, Gallimard, 1963.

Mauss Marcel, « Essai sur le don. Forme et raison de l'échange dans les sociétés archaïques » (1923-24), *Sociologie et Anthropologie*, Paris, PUF (1950), 1991.

Melià Bartomeu et Dominique Temple, *La réciprocité négative. Les Tupinamba*, Collection *réciprocité*, n° 5. Version française du chapitre "El nombre que viene por la venganza", dans *El don, la venganza, y otras formas de economía guaraní*, Centro de Estudios Paraguayos "Antonio Guasch", Asunción del Paraguay, 2004.

Michaux Jacqueline, « Territorialidades andinas de reciprocidad : La comunidad », *INAUCO*, n° 35-36-37, Madrid, 2000. Rééd. La Paz, TARI Plural editores, 2003.

Nicolas Guy, « La question de la vengeance au sein d'une société soudanaise », dans *La vengeance*, vol. 2 *Vengeance et pouvoir dans quelques sociétés extra-occidentales*, textes réunis et présentés par Raymond Verdier, Paris, Cujas, 1986, pp. 15-40.

Panoff Michel, « Homicide et vengeance chez les Maenge de Nouvelle-Bretagne » , dans *La vengeance*, vol. 2 *Vengeance et pouvoir dans quelques sociétés extra-occidentales*, textes réunis et présentés par Raymond Verdier, Paris, Cujas, 1986, pp. 141-161.

Sahlins Marshall, *Stone Age Economics* (1972). Trad. fr. *Âge de pierre, âge d'abondance. L'économie des sociétés primitives,* Paris, Gallimard, 1976.

Svenbro Jesper, « Vengeance et société en Grèce archaïque. À propos de la fin de l'Odyssée » , dans *La vengeance,* Vol. 3 *Vengeance, pouvoirs et idéologies dans quelques civilisations de l'Antiquité,* textes réunis et présentés par Raymond Verdier & Jean-Pierre Poly, 1984, pp. 47-63.

Tcherkezoff Serge, « Vengeance et hiérarchie ou comment un roi doit être nourri », dans *La vengeance*, vol. 2 *Vengeance et pouvoir dans quelques sociétés extra-occidentales*, textes réunis et présentés par Raymond Verdier, Paris, Cujas, 1986, pp. 41-59.

Temple Dominique et Mireille Chabal, *La réciprocité et la naissance des valeurs humaines,* Paris, L'Harmattan, 1995.

Temple Dominique, *La dialectique du don,* Paris, Diffusion Inti, 1983, 2de édition Hisbol, La Paz, 1986, Rééd. 1995.

Temple Dominique, *Lévistraussique : La réciprocité et l'origine du sens*, Collection *réciprocité*, n° 6 . 1ère publication dans *Transdisciplines, Revue d'épistémologie critique et d'anthropologie fondamentale,* Paris, L'Harmattan, avril 1997, pp. 9-42.

Temple Dominique, *Les deux Paroles,* Collection *réciprocité*, n° 3. Publication en castillan dans *Teoría de la reciprocidad*, (3 vol.), éd. Padep-Gtz, La Paz, 2003.

Temple Dominique, *Le contradictoire, principe structural des Nuer,* Collection *réciprocité*, n° 9 (2006).

Temple Dominique, « Essai d'interprétation de la valeur chez les Aymara » (2004), en ligne sur le site de l'auteur.

Verdier Raymond *et al.*, *La vengeance. Études d'ethnologie, d'histoire et de philosophie,* (4 vol.), Paris, éditions Cujas, 1981-1986.

Verdier Raymond, « Le système vindicatoire », dans *La vengeance*, vol. 1 *Vengeance et pouvoir dans quelques sociétés extra-occidentales*, textes réunis et présentés par Raymond Verdier, Paris, Cujas, 1981, pp. 13-42.

Verdier Raymond, « Une justice sans passion, une justice sans bourreau » , dans *La vengeance,* vol. 3. *Vengeance, pouvoirs et idéologies dans quelques civilisations de l'Antiquité,* textes réunis et présentés par Raymond Verdier & Jean-Pierre Poly, 1984, pp. 149-153.

Verdier Raymond, « Pouvoir, justice et vengeance chez les Kabiyè », dans *La vengeance*, vol. 1 *Vengeance et pouvoir dans quelques sociétés extra-occidentales*, textes réunis et présentés par Raymond Verdier, Paris, Cujas, 1981, pp. 201-211.

La plupart des articles de Dominique Temple sont disponibles en français et en castillan sur son site http://dominique.temple.free.fr/

Imprimé à la demande par Lulu.com
Dépôt légal janvier 2018
Illustration de couverture : *nécropole de Dargavs Ossétie du Nord*
(By Ahsartag)

www.ingramcontent.com/pod-product-compliance
Lightning Source LLC
LaVergne TN
LVHW020639100826
845148LV00012B/2249

* 9 7 9 1 0 9 7 5 0 5 0 6 6 *